How Do You Know It's True?

어떻게 하면 과학적으로 사고할 수 있을까?

How Do You Know It's True?
Discovering the Difference Between Science and Superstition
by Hyman Ruchlis

어떻게 하면 과학적으로 사고할 수 있을까?

초판 1쇄 발행일 2005년 12월 10일 **초판 2쇄 발행일** 2014년 4월 30일

지은이 하이먼 러치리스 | **옮긴이** 김정희
펴낸이 박재환 | **편집** 유은재 이정아 | **관리** 조영란
펴낸곳 에코리브르 | **주소** 서울시 마포구 동교로 15길 34 3층(121-842) | **전화** 702-2530 | **팩스** 702-2532
이메일 ecolivres@hanmail.net | **블로그** http://blog.naver.com/ecolivres
출판등록 2001년 5월 7일 제10-2147호
종이 세종페이퍼 | **인쇄·제본** 상지사 P&B

ISBN 89-90048-59-1 03400

책값은 뒤표지에 있습니다. 잘못된 책은 구입한 곳에서 바꿔드립니다.

어떻게 하면 과학적으로 사고할 수 있을까?

하이먼 러치리스 지음 | 김정희 옮김

에코리브르

차례

제1부 미신과 동화식 사고

제2부 과학적 사고방식

1부

미신과 동화식 사고

How Do You Know It's True?

01

사실과 허구

신데렐라 이야기를 기억하는가? 요정이 나타나서 마법 지팡이를 흔들자 노란 호박이 마차로, 생쥐가 말로, 큰 쥐가 마부로 바뀌었다. 그리고 다시 한 번 마법 지팡이를 흔들자 신데렐라는 예쁜 옷으로 갈아입었고, 신은 유리구두로 바뀌었다.

어릴 적 이 이야기를 읽으면서 '어떻게 그 작은 생쥐가 그렇게 큰 말로 변할 수 있을까?' 혹은 '큰 쥐가 어떻게 마부로 변할 수 있을까?' 하고 이상하게 생각하지 않았는가?

알다시피 이 이야기는 실제로 일어날 수 없는 마술과 같은 일을 사람들이 상상으로 완전히 꾸며낸 '동화'이다. 진짜 세상에 대해 여러분이 알고 있는 것들은 이 동화에 나오는 사건들과는 모순된다.

어린이들은 동화를 좋아한다. '시늉 놀이'는 상상력을 자극하기 때문이다. 사람들은 어린이들에게 동화를 읽으라고 권한다. 동화는 책 읽기를 즐길 수 있도록 어린이들을 도와주기 때문이다. 그러나 어린이들은 자라면서 동화 속에 나오는 많은 이야기가 실제 생활에서는 일어날 수 없다는 것을 알게 된다.

'동화'가 책에만 있는 것은 아니다. 우리는 모두 크리스마스이브에 세상 모든 어린이에게 선물을 가져다주는 산타클로스에 관한 이야기를 좋아한다. 어른들은 산타클로스가 '시늉 놀이'라는 것을 알고 있다. 그러나 많은 어린이들은 산타클로스가 실제로 있다고 생각한다. 어린이들은 아직 사고력이 발달되지 않아 그것이 현실과 모순됨을 깨닫지 못한다.

산타클로스가 어떻게 혼자서 하룻밤 사이에 전 세계에 있는 그 수많은 어린이들에게 선물을 가져다줄 수 있을까? 그리고 루돌프가 끄는 작은 썰매에 그 많은 선물을 어떻게 다 싣는단 말인가? 또 사슴이 어떻게 하늘을 날 수 있을까? 뚱뚱한 산타클로스가 어떻게 큰 선물 꾸러미를 들고 그 좁은 굴뚝으로 들어갔다가 다시 나올 수 있을까?

어린이들은 차츰 나이를 먹고 경험이 쌓이면서, 산타클로스 이야기에 나오는 일들은 실제 세상과는 모순된다는 것을 이해하기 시작한다. 그리고 산타클로스는 단지 선물을 주고받는 즐거운 계절의 '상징'일 뿐 실제로는 존재하지 않는다는 것을 깨닫는다.

동화의 허구(사실인 것처럼 꾸며낸 이야기)와 진짜 세상의 차이점을 말해줄 수 없는 어른들은 난감할 수밖에 없다. 누군가 자신이 나폴레옹이라고 주장한다면, 혹은 자신이 치즈로 만들어졌다고 주장한다면, 우리는 즉시 그를 정신병원으로 보낼 것이다. 그는 실제로 도움이 필요할지도 모르니까.

우리는 무엇이 참이고 무엇이 거짓인지, 그 차이를 알 수 있어야 한다. 그러나 우리가 '사실'이라고 생각하는 것이 정말 사실인지 아닌지 어떻게 알 수 있을까?

사실은 관찰에 기초해야 한다

간단한 사실은 쉽게 관찰할 수 있고 조사할 수도 있다. 예를 들어 누군가가 고무공이 상점에서 100원이라고 말하면, 그 상점에 가서 가격표를 본다거나 판매원에게 가격을 물어봄으로써 그 사실을 조사할 수 있다.

혹은 누군가가 ○○는 △△에 살고 있고 그의 전화번호가 123-4567

이라고 말하면, 이 사실 역시 조사해보는 것은 어렵지 않다. 전화번호부를 찾아본다거나 그 번호로 전화를 해서 ○○가 전화를 받는지 확인해보면 된다. 실제로 그 사람을 보러 △△에 가서 주소를 조사할 수도 있다.

관찰을 통해—보고, 듣고, 만지고, 냄새 맡고, 맛을 보는 등 우리의 감각을 이용해—누구나 그 사실을 확인할 수 있다.

오늘날의 기업은 제품의 가격 · 카탈로그 번호 · 설명서, 소비자와 공급자의 이름 · 주소 · 전화번호, 은행의 청구서 · 수표 · 이자 · 돈 등과 같은 '사실' 없이는 존재할 수 없다. 현대사회를 유지해나가는 데는 이와 같은 수많은 사실이 꼭 필요하다.

사실을 밝히기 어려운 것도 있다

그러나 많은 종류의 사실, 혹은 우리가 사실이라고 생각하는 것에는 그것이 사실이라고 밝히기에 어려운 것도 있다. 예를 들어 누군가가 통증을 느끼고, 배가 아프다고 생각하여 소화제를 먹는다고 하자. 그러나 그가 '배'가 아프다고 생각한 '사실'이 전혀 그렇지 않을 수 있다. 그 통증의 원인이 심장이나 쓸개의 문제라면, 약을 잘못 먹어 병원에 너무 늦게 가는 바람에 오히려 치명적이 될 수도 있다.

통증 그 자체는 어떤 문제가 존재함을 알 수 있는 관찰이다. 실제로 우리가 통증을 느끼기 때문이다. 그러나 그 관찰이 무엇을 의미하는지 파악해내려고 할 때 실수를 저지르기 쉽다. 즉 판단을 잘못하여 틀린 결론을 내릴 수 있다. 예를 들어 누군가가 다리에 통증을 느낄 경우, 그곳에 뭔가 문제가 있다고 생각할 것이다. 그러나 그 통증은 실제로 허리의 신경이 눌려 일어날 수도 있다. 그런 경우 다리를 치료하는 것은 아무 소용이 없다. 오히려 해로울 수 있다.

이런 건강에 관한 문제는 관찰을 통해 질병의 원인을 밝혀내는 데 전문가인 의사를 찾는 것이 최고의 방법이다. 그러면 의사는 즉각 효과가 있는 치료법을 처방해줄 것이다.

물론 의사도 가끔은 판단 실수를 한다. 아마도 사실을 얻기가 어렵거나 어떤 질병에 관한 지식에는 한계가 있어서일 것이다. 그러나 중요한 것은 의사들이 현재 알고 있는 '사실'로 과거에 많은 사람을 사망하게 했던 여러 질병을 이제는 대체로 예방하고 치료할 수 있다는 것이다. 그 결과 오늘날 평균수명은 약 100년 전보다 훨씬 길어졌다.

수많은 과학자가 많은 질병의 원인을 알아내는 데 수천 년이 걸렸다. 단 한 가지 중요한 사실을 밝히는 데도 수년간 연구가 이루어진다. 그리고 다른 사람들이 그 연구의 확실성을 증명하는 데, 즉 그것이 참인지, 관찰이나 추리 과정에서 실수가 있지는 않은지 알아내는 데 또 수년간의 연구가 더 필요하다.

예를 들어 1600년대 최초의 현미경은 미생물의 존재를 밝혀냈다. 그러나 그 후 200년이 더 지나서야 많은 치명적인 질병이 이런 미생물들에 의해 일어난다는 것이 증명되었다. 의사들은 치명적인 세균을 없애기 위해서는 병원에서 환자들을 치료하기 전에 반드시 손을 씻어야 한다는 것조차도 몰랐다. 실제로 의사들은 감염된 손 그대로 사람들과 접촉하여 병원균을 옮김으로써 많은 사람들을 죽음으로 이끌었다.

과학에서 새로운 사실의 발견은 간단하지 않다. 그것은 주의 깊은 관찰과 많은 연구가 필요하다.

잘못된 생각은 수년간, 대개는 수백 년간 계속되는 경향이 있다. 그러나 시간이 흐르면서 우리는 사실과 허구의 차이를 구별하는 법을 배웠다. 우리는 차츰 새로운 사실을 밝혀내는, 전에는 몰랐던 방법을 향상시켜왔다.

우리는 그 발견의 방법을 '과학'이라고 부른다. 과학은 우리가 살아가는 세상의 본질에 관한 오늘날의 지식을 이루는 사실 그 이상이다. 과학은 정말로 새롭고 특별한 사고방법—새로운 사실을 어떻게 발견하고 그것임 참임을 어떻게 증명할지를 알아내는 방법—이다. 이렇게 과학적으로 사고하는 방법은 우리의 세상을 변화시켜 수백 년 전과는 아주 다르게 만들었다.

이 책은 과학의 방법, 즉 미신적이고 동화식으로 생각하는 방법과 구별되는 과학적으로 사고하는 방법에 관한 책이다. 또한 어떻게 과학이 세상을 변화시켰으며, 오늘날 우리가 살아가는 세상에서 일어나는 많은 어려운 문제를 해결하는 데 그것을 어떻게 사용할 것인지에 관해 설명하는 책이다.

먼저 300년 전인 1692년으로 거슬러 올라가서, '마법'을 '범죄'로 여긴 잘못되고 미신적인 사고방법이 무고한 사람들을 처형하는 데 어떻게 오용되었는지를 살펴보자.

02

미신의 본질

1692년, 미국 매사추세츠의 세일럼(Salem) 지역에 이상한 병이 퍼지기 시작했다. 여자아이 8명이 갑작스럽게 발작을 일으켜 뭐라고 중얼거리고 울며 몸부림쳤다. 발작하는 동안 그 여자아이들은 이상한 일이 일어난다고 상상하는 환각 상태에 빠졌다.

마을 사람들은 두려웠다. 그 아이들이 무서운 병에 걸렸다면, 다른 누군가도 그 병에 걸릴 수 있었다. 부모들은 자식들의 안전을 걱정하기 시작했다.

의사들이 왔다. 그러나 당시 의사들은 그 질병에 대해 그리 많이 알지 못했다. 그들은 특히 왜 발작을 일으켰는지 영문을 알 수 없어 어리둥절했다. 그때 한 의사가 그 갑작스러운 발작은 '마녀의 마법' 때문일 거라고 말했다.

마녀의 마법! 이런 미신적인 생각은 사람들을 공포에 몰아넣었다. 마을 사람들 중에 마녀가 있다는 소문은 순식간에 퍼져나갔다. 악마에 사로잡힌 마녀 한 무리가 그 여자아이들에게 사악한 마법을 걸었다는 것이었다. 무지한 두려움으로 마을 사람들은 자신들 중에 마녀를 찾아내기 위한 '마녀 사냥'을 시작했다.

여자아이들은 환각 상태에서 때때로 자신들이 아는 사람들의 이름을 중얼거렸다. 마을 사람들은 이런 하찮은 '증거'를 마녀를 찾아내는 단서로 삼았다. 마을 사람들은 그 여자아이들이 부르는 이름의 사람들을 감옥에 가두었다. 얼마 지나지 않아 150명의 무고한 사람들이 마법을 사용한다는 죄로 사형 재판을 기다리게 되었다.

그들은 여자아이들의 이웃으로 농부, 상인, 주부, 하인, 목사, 심지어 친구의 부모들이었다. 세일럼 사람들은 마법에 관한 완전히 그릇된 미신 때문에 두려움에 휩싸였다.

매사추세츠 주지사는 몇몇 판사들에게 감옥에 있는 사람들 중 누가 마녀인지를 가려내라고 명령했다.

판사들은 어떻게 가려냈을까? 그들은 잡혀온 사람들에게 발작을

그림 2.1 1692년 세일럼의 마녀재판. 마녀라는 죄목으로 잡혀온 사람들에게 발작을 일으키는 여자아이를 만지게 하여 그 발작이 멈추면 유죄, 멈추지 않으면 무죄로 판단했다. (그림: Albert Sarney)

일으키는 여자아이의 몸에 '손을 대어보도록' 했다. 만약 발작이 멈추면, 여자아이를 만진 사람이 그 발작을 통제한다는 '증거'가 되어 그 사람은 마녀가 되었다. 마녀로 판정받은 사람은 사형에 처해져야 했다. 반면 발작이 멈추지 않으면, 그 사람은 결백한 것으로 간주되었다(그림 2.1).

판사들은 관대하려고 노력했다. 스스로 '마녀'임을 자백하며 유죄를 인정한 사람은 용서해주었다. 유죄로 판정된 많은 무고한 사람들이 자신의 목숨을 구하기 위해 거짓으로 '자백'했다. 그러나 그 중

19명은 거짓말하기를 거부하여 정직함과 용감함에 대한 대가를 교수형으로 치렀다.

이 끔찍한 비극은 단지 사람들이 마법에 대한 잘못된 미신을 믿었기 때문에 일어났다. 마녀들이 이상한 주문을 외우면서 마법적인 의식을 행하여 사람들을 아프게 한다고 믿었기 때문이다.

오늘날의 의사들은 1692년 당시보다 질병의 원인에 대해 훨씬 많이 알고 있다. 그래서 당시 그 여자아이들을 괴롭힌 이상한 병에 대해 몇 가지 가능성을 제시하고 있다.

첫 번째로, 그 여자아이들은 오늘날 '발작성 맥각(麥角) 중독'으로 알려진 병에 걸렸을지 모른다. 이 질병은 미생물, 즉 '맥각균'이라는 '곰팡이' 속에 들어 있는 독성 물질에 의해 발병한다. 이 곰팡이는 빵을 만드는 데 사용하는 호밀과 같은 곡식에서 자란다. 그 아이들이 이 맥각균에 오염된 빵을 먹고는 경련과 환각 증세를 일으켰을 것이다.

두 번째 가능성은 '집단 히스테리'에 의한 발작이라는 것이다. 오늘날에도 어떤 특정 질병에 대해 너무 불안하고 두려운 나머지, 자신이 그 병에 걸렸다고 상상하는 많은 사람들의 사례가 있다. 그 8명의 여자아이들도 아마 발작을 일으키는 다른 사람을 보았거나 그런 사람의 이야기를 듣고는 생생한 상상 속에서 그런 증상을 일으켰을 것이다.

어쩌면 그 여자아이들의 일부 또는 모두가 공모해 발작과 환각 상태를 일으키는 흉내를 내어 어른들을 상대로 어처구니없는 장난을 쳤을 가능성도 있다. 아마도 그 아이들은 모든 어른들 위에 군림하는 삶과 죽음의 힘을 즐겼는지도 모른다.

오늘날의 미신

미신은 그것이 사실이 아니라는 증거가 있음에도 불구하고 믿는 것이다.

미신은 특정한 사람, 식물, 동물, 행성, 별, 말, 숫자, 혹은 물건 등이 마력을 지니고 있다는 믿음을 토대로 하고 있다. 사람들은 이와 같은 것들이 놀라운 일을 할 수 있다고 믿는다. 그러나 많은 사람들이 이런 마력을 상상하지만 실제로는 아무도 그런 놀라운 일이 일어난 것을 본 적이 없다. 이런 미신은 실제 세상에 대해 우리가 알고 있는 것과는 모순된다.

미신은 동화식 사고의 예다. 그러나 상상으로 꾸민 이야기라는 것을 알고 있는 동화와 달리, 미신은 사실이라고 잘못 믿는 것이다.

과학적 사고는 아주 다르다. 신중한 관찰과 논리적인 추리를 바탕으로 사건의 사실과 설명을 찾는다. 관찰과 추리 과정에서 자주 일어나는 잘못(실수)을 피하기 위해 조사가 반복해서 이루어져야 한다. 그리고 그 사실은 참으로 받아들여지기 전에 다른 신중한 관찰자들에 의해 옳다는 것이 확인되어야 한다(이를 '검증' 이라 한다).

이것은 쉽고 빠른 과정이 아니다. 그리고 실수도 종종 일어난다. 대개 사실과 결론이 참으로 여겨지기까지는 수년간 많은 사람의 연구가 필요하다. 실수나 과장이 생기기 쉽기 때문에, 항상 그러한 실수와 과장을 바로잡을 준비가 되어 있어야 하며, 새로운 정보가 나오면 그 사실에 대한 생각을 아예 바꾸기도 해야 한다.

이와는 아주 대조적으로 미신적인 믿음은 게으른 사고 태도를 반영한다. 미신을 쉽게 믿는 사람들은 '사실'을 그냥 당연한 것으로 받아들인다. 그리고 종종 자신들이 참이라고 상상하는 것을 그냥 그대로 믿어버린다. 이런 일이 어떻게 일어나는지는 점성술이라는 미신을 다루는 4장에서 자세히 설명할 것이다.

여론조사에 따르면, 오늘날 모든 과학적 지식에도 불구하고 미국 사람 7명 중 1명이 마법과 같은 미신을 믿는다고 한다. 4명 중 1명은 점성술을 믿고, 1000종이 넘는 신문들이 생일로 미래를 점치는 '별자리 운세'를 실어 이런 미신을 부추기고 있다.

특별한 마법 의식을 행하는 단체를 만드는 사람들도 있다. 그런 의식이 행해지는 동안 불운을 막기 위해, 혹은 원하는 목표를 이루기 위해 제물로 희생되는 동물에 관해 보도된 적이 있다.

이런 비극적인 사건도 있었다. 병에 걸린 아이를 둔 한 엄마에게 누군가가 미신으로 병을 고칠 수 있다고 말했다. 그 사람은 악마(귀신)가 아이를 사로잡아 병에 걸렸으므로, 아이에게 음식을 주지 않으면 그 악마가 굶어죽어서 아이가 나을 것이라고 했다. 그 엄마는 정말로 그렇게 했고, 결국 아이는 굶어죽고 말았다.

이 가엾은 엄마는 4년형을 받고 감옥에 가게 되었다. 아이를 죽음으로 몰아넣은 것은 무지였다. 그 무지가 아이 엄마로 하여금 악마가 질병을 일으킨다는 고대의 미신을 믿게 했던 것이다.

마법을 믿는 미신적인 믿음은 교육을 제대로 받지 못한 사람들 사이에 많이 퍼져 있고, 의사가 적은 나라일수록 더 널리 퍼져 있다. 그래서 사람들은 전통적인 '주술사'에 의존한다. 주술사들은 병을 일으킨다고 생각하는 상상의 악마를 내쫓는 의식과 마법으로 병을 치료하고자 한다.

주술사들은 뱀이나 개구리의 허물, 동물의 뼈나 해골, 이상하게 생긴 돌, 동물의 조각 등을 모은다. 그들은 이런 모든 것이 사람의 병을 치유하는 마법의 힘을 가지고 있다고 믿는다. 주술사들은 자신들의 의식에 마법을 나타내는 물체로 이런 물건을 사용한다. 즉 환자의 주위를 돌면서 이런 물건을 흔들어대며 주문을 외우거나 춤을 추고 특이한 몸짓을 한다(그림 2.2).

과학자들은 주술사들이 하는 것 모두가 질병 치료에 별 소용이 없

그림 2.2 이 주술사는 병을 일으켰을 거라고 상상하는 악마를 쫓기 위한 의식을 행하고 있다. 이 의식 때문인지 아닌지는 몰라도 대부분의 환자들은 상태가 나아지기 때문에 주술사들은 그 '성공'으로 인해 과분할 정도의 신뢰를 쌓아간다. (사진: 미국 자연사 박물관)

다고 부정하는 데 신중을 기한다. 주술사들은 종종 각종 식물이나 동물에게서 채취한 성분들을 이용해 약을 만든다. 그 약들 중에는 실제로 질병 치료에 아주 유용한 것들이 발견되는 경우도 있다.

예를 들어 현대의학에서 말라리아 치료에 사용되는 중요한 약인 '퀴닌'은 본래 남아메리카 인디언 주술사에 의해 발견되었다. 그 주술사는 킹코나 나무의 껍질을 이용해 그 약을 만들었다. 뿐만 아니라 요즘도 중요하게 쓰이는 한 진정제는 본래 아시아의 주술사에 의해 사용되었던 것이다. 오늘날 사용되는 그 밖의 다른 약들도 이와 비슷한 방식으로 발견된 경우가 많다.

물론 마법 의식을 행하고 주문을 외우는 것이 병원균이 몸으로 침투하는 것을 막아주거나 비타민 결핍증을 치유해주지는 않는다. 그러나 그런 의식들은 가끔 아무것도 하지 않는 것보다 나은 때가 있다. 왜냐하면 그런 의식들이 아픈 사람들에게 자신들을 돕기 위해 뭔가 행해지고 있다는 느낌을 주기 때문이다. 그럼으로써 환자들은 병에 대해 더 낙관적인 마음을 갖게 되는데, 이런 정신적 태도는 질병과 싸우는 데 도움이 되는 것으로 밝혀졌다.

사람들은 스스로 대부분의 질병을 극복하기 때문에, 의식이나 주문에 의한 상상적 '치유'는 미신이 효과가 있다고 '증명'하는 것처럼 보일 수 있다. 이것은 또한 오늘날 약국에서 파는 일부 약에서도 그러하다. 그 약 때문이든 아니든 일단 그 약을 먹고 증세가 더 나아지면 사람들은 그 약이 효과가 있다고 잘못 생각할 수 있다.

특정 약이 정말로 효과가 있는지 알아보기 위한 가장 좋은 방법은 통제된 실험으로 그것을 시험해보는 것이다. 시험하고자 하는 약을 몇몇 아픈 사람들에게 나눠주고, 다른 사람들에게는 플라시보(placebo)라 불리는 가짜 약을 준다. 플라시보는 인체에 전혀 해가 없다. 의약 실험은 시험에 참여한 사람들의 질병 회복 과정을 보여주기 위해 상세히 기록되어야 한다. 많은 환자들이 나아지고 회복 속도가 더 빠르면 그 약은 효과가 있는 것으로 여겨진다.

이러한 실험에서 의사나 간호사들이 실제로 어떤 환자가 진짜 약을 먹고 어떤 환자가 가짜 약을 먹는지 모른다면, 이는 가장 좋은 실험이 된다. 실험을 하는 사람들은 하나같이 실험이 '성공적'이기를 원한다. 만약 그들이 어떤 환자가 진짜 약을 먹었는지를 안다면 편견을 가질 수 있고, 혹은 자신들의 관찰을 공정하게 보지 않고 그들이 원하는 결과 쪽으로 유리하게 치우쳐 보게 된다.

가짜 약을 먹은 사람들을 대조군(실험군과 비교대상으로 삼는 집단)이라고 하는데, 그들은 그 약을 먹었을 때 일어나는 현상과 약을 먹지 않았을 때의 현상을 비교할 방법을 제공한다.

이 실험은 많은 사람들이 필요하므로 비용이 매우 많이 든다. 뿐만 아니라 기간도 오래 걸리고 값비싼 장비가 필요할 때도 있다. 그러나 이런 실험은 특정 약 또는 특정 치료법이 정말로 효과가 있는지를 확실히 알기에는 가장 좋은 방법이다.

우리가 주술사로부터 배워야 할 것은, 그동안 우리가 미신이라고 생각해오던 모든 믿음을 무조건 거부해서는 안 된다는 것이다. 우리는 각각의 미신에 과연 진실이 있는지 알아보기 위해 조심스럽게 검토해야 한다. 그 미신에 대해 찬성할 혹은 반대할 증거가 있으면, 우리는 그 미신을 참으로 여길지 혹은 거짓으로 여길지를 결정할 수 있다.

나무 속 요정

오늘날에도 사람들은 때때로 고대 미신에 근거한 관습 때문에 어떤 행동이나 말을 한다. 예를 들어 미국의 한 친구가 "토요일에 비가 안 왔으면 좋겠어. 비가 오면 소풍을 망치거든" 하고 말하다가 잠시 멈추더니 나무 테이블을 손가락으로 톡톡 두드리며 말한다. "제발 그러지 마세요." 왜 그 친구는 그런 행동을 했을까?

그 친구는 그 행동이 무엇을 의미하는지 깨닫지 못하면서도 그냥 나무 테이블을 두드린 것이다. 왜냐하면 옛날부터 서양 사람들은 집에 있는 나무로 만들어진 물건 속에는 마법의 힘을 가진 요정이 살고 있다고 믿었기 때문이다. 상상하기로, 그 요정들은 본래 숲 속 나무에서 살았다. 그런데 나무가 잘려질 때 요정들이 그 나무 속에 그대로 있다가 가구로 만들어지면서 그들이 살고 있는 집으로 왔다는 것이다. 그래서 옛날 사람들은 숲 속의 아름다운 집을 빼긴 나무 요정들이 화가 나서 늘 복수할 기회를 엿보고 있다고 믿으며 두려워하였다.

오늘날에는 아무도 그 나무 요정에 대해 특별히 생각하지 않는다. 그리고 어떻게 요정들이 영어를 이해하는지, 혹은 왜 우리가 그 요정들을 볼 수 없는지 설명하지도 않는다. 그러나 그 친구가 나무 테이블을 두드리는 것을 보면, 그는 마치 옛날 사람들처럼 가구 속에 갇혀 보이지 않는 요정이 비가 오면 소풍을 망칠 거라는 자신의 말을 들었다고 믿고 있는 것 같다.

즉 요정이 이렇게 생각한다고 여기는 것이다. '아! 이제 저 야비한 인간들에게 벌줄 기회가 생겼구나. 내 마법의 힘을 사용하여 토요일에 비가 내리도록 해서 소풍을 망쳐야지.'

그래서 "제발 그러지 마세요"라고 말하면서 나무로 만든 물건을 두드린 것이고, 이것이 요정에게 말하는 마법의 방법이라고 생각한 것이다. "우리 소풍을 망치지 마세요. 그렇지 않으면 우리가 당신을 벌줄 거예요. 기억해요. 우리는 이 테이블을 쪼개서 화로 속에 넣어 당신을 힘들게 만들 수 있다는 것을."

이런 미신적인 관습은 마법 지팡이를 흔들어 멋진 파티에 우리를 데리고 갈 리무진과 운전사를 만들어주는 동화 속 요정을 기대하는 것과 흡사하다.

오늘날 우리는 그렇게 몇 마디 주문을 외운다고 질병이 진행되는 것을 막을 수는 없다는 것을 알고 있다. 그러나 옛날 사람들은 주문에는 마법의 힘이 있어서 이것을 외우면 원하는 일이 이루어진다는 미신을 믿었다. 또한 마녀는 저주를 내리는 주문으로 마법을 부릴 수 있다고 여겼다. '수리수리마수리'와 같은 특별한 말, 즉 주문은 잠긴 문을 열쇠 없이도 연다거나 〈아라비안나이트〉에서처럼 병 속에서 지니를 풀어주는 것과 같은 마법 효과를 가지고 있는 것으로 상상했다.

검은 고양이와 깨진 거울

미국에서는 자신이 걸어가는 길 앞으로 검은 고양이가 지나가면 '재수가 없다'고 믿는 사람들이 여전히 있다. 미신을 믿는 사람은 이런 '재수 없음(불운)'을 피하기 위해 오던 길을 다시 되돌아가거나 다른 길로 간다.

미신을 믿는 사람들은 '불운'을 피하기 위해 이상한 행동을 하기도 한다. 검은 고양이가 가져올 불운을 피하기 위한 옛날 방법에는 다음과 같은 것이 있다. 쓰고 가던 모자를 돌려서 쓰고 아홉 걸음을 걸은 후 다시 전과 같이 모자를 되돌려 쓰고 가는 것이다. 그런데 그 미신이 진짜인지 어떻게 알며, 또한 검은 고양이가 어떻게 마법을 부려 그 사람을 넘어지게 해서 다리를 다치게 하는지, 혹은 왜 모자를 돌려 쓰는 것이 효과가 있는지 설명할 수 있는 사람은 아무도 없다.

사실 사람들이 그 미신이 진짜라고 생각하는 이유는 다른 사람에게서 그 미신에 대해 들었기 때문이다. 이 미신이 처음 어떻게 시작되었는지 추적하기 위해 옛날로 거슬러 올라간다 해도, 우리는 그것이 진짜라고 믿을 만한 조그마한 증거조차 찾아내지 못할 것이다.

영국에서 이 미신은 정반대이다. 검은 고양이가 불운이 아닌 '행운'을 가져다준다고 믿는다. 실제로 일부 극장에서는 공연이나 신문평에서 '행운'을 가져오라는 의미로 검은 고양이를 키운다. 어떻게 검은 고양이가 미국에서는 '불운'을 가져오는 반면, 바다 건너 영국에서는 '행운'을 가져올 수 있을까?

이 미신은 미국 사회의 경우, 검은 고양이가 장례식이나 죽음과 연관되어 있는 데서 나왔을 것이다. 할로윈 축제일의 마녀는 대개 검은 모자를 쓰고 나타난다. 그리고 그 마녀 옆에는 항상 검은 고양이가 있다. 아마도 검은 고양이는 변장한 마녀이든가, 혹은 마녀를 돕는 스파이일 것이다. 그래서 고양이도 마녀와 마찬가지로 해를 끼치는 마법 능력을 가지고 있을 거라고 여긴다.

이와 비슷하게 거울을 깨면 '재수가 없다'는 미신이 있다. 이 믿음은 사람들이 거울 속에 있는 자신의 이미지를 본다는 신비로운 생각에서 비롯되었다. 옛날 사람들은 빛이 거울에 반사되어 이미지를 만들어내는 방법을 알지 못했다. 거울 속의 이미지는 마술같이 보였을 것이다. 거울 뒤에서 아무리 그 이미지를 찾으려 해도 아무것도 없으니까(그림 2.3).

아마도 사람들은 거울이 신비하게 사람의 '영혼'을 붙잡아둔다고 상상했던 것 같다. 거울이 깨지면 거울 속에 있던 영혼이 그 이미지의 주인에게 되돌아올 수 없다고 생각했다. 그래서 영혼이 심술을 부려 마법을 사용해 거울을 깬 사람에게 불행을 일으키는 것으로 복수한다는 것이다.

개미를 발로 밟으면 비가 온다는 미신도 있다. 하루 내내 세상에 얼마나 많은 사람들이 개미를 밟을까를 생각해보면, 항상 비가 내려야 할 것이다. 이 결론은 분명 우리의 경험과는 모순된다.

마술의 미신적 형태인 '부두교'(미국 남부 및 서인도 제도의 흑인들이 믿는 원시 종교)는 오늘날에도 일부 나라에서, 심지어 미국에서도 행해지고 있다. 이 종교의 믿음 중 하나는 마법을 사용하여 멀리서도 어떤 사람에게 해를 끼칠 수 있다는 것이다. 한 예로 괴롭히고 싶은 사람이 있으면 그 사람을 상징하는 인형에 바늘을 찌르는 것이다. 그러면 그 사람을 아프게 하기도 하고 죽이기도 할 수 있다고 믿

그림 2.3 깨진 거울이 '불운'을 가져온다는 미신은 아마도 거울 속의 이미지가 거울 뒤에서 나온다는 신비적인 생각에서 비롯되었을 것이다. 실제로 거울 뒤에서는 아무것도 찾을 수 없지만 말이다. 사람들은 거울이 깨지면 거울 뒤에 있던 그 사람의 영혼이 돌아올 수 없다고 생각했던 것 같다. (그림: Albert Sarney)

는다.

그 저주를 받은 사람이 만약 이 미신을 믿고 자신에게 저주가 내려졌다는 이야기를 듣는다면, 불행하게도 이 행위는 실제로 그 사람에게 해를 끼칠 수 있다. 저주 받은 사실을 걱정하는 것만으로도 그 희생자는 아프거나 심지어 죽을 수도 있다.

미신에 대한 믿음은 사람들이 교육을 덜 받은 나라에 만연되어 있고, 사람들이 교육을 받으면 점차 그 믿음은 약해진다. 그러나 모든 사람이 학교에 다니는 나라에서도 여전히 미신을 믿는 사람들은 있다. 미신을 타파하는 데는 아주 오랜 시간이 걸린다.

과학적 사고는 주로 지난 500년 동안 서서히 발달되어 왔다. 과학은 우리가 살고 있는 세계에 대해 사람들이 배워나가는 것을 방해했던 많은 미신을 없애가면서 세상을 바꿔왔다.

우리는 미신이 정말인지 아닌지 밝혀내기 위한 실험에 과연 과학적 사고를 사용할 수 있을까? 다음 장은 그것이 어떻게 이루어지는지에 대해 설명하고 있다.

03

미신에 대한 실험

고층 건물의 엘리베이터를 탔다. 문이 닫히고 올라간다. 엘리베이터가 올라감에 따라 층수를 알리는 숫자에 불이 켜진다. 1, 2, 3, 4, 5, 6, 7, 8, 9, 10, 11, 12…… 그 다음은? 12 다음에는 13이 아니라 14에 불이 켜진다(우리나라의 경우는 주로 4가 없다).

누가 실수를 한 것일까? 아니다. 13층은 분명 12층 바로 위에 있다. 미국에서는 고층 건물의 약 절반가량이 실제 13층에 고의적으로 14라고 표시해온 것이 사실이다.

왜 그랬을까?

그림 3.1 일부 미신을 믿는 사람들은 13이라고 표시된 층에서는 살지도 않고, 일하지도 않고, 방문하지도 않는다. 왜냐하면 그것이 '불운'을 가져온다고 믿기 때문이다. 건물을 짓는 사람은 때때로 진짜 13층에 14라고 표시한다. 그러면 미신을 믿는 사람들이 13이란 숫자 때문에 걱정하지 않는다고 생각하는 것이다. (그림: Albert Sarney)

13이란 숫자는 '불운'을 가져온다는 옛 미신이 있다. 실제로 그 미신을 믿고 13층에 있는 아파트나 사무실은 임대하지도 않고 구매하지도 않는 사람들이 오늘날에도 있다(그림 3.1).

이 미신을 믿지 않는 사람들도 13층에 있는 아파트나 사무실은 임대하거나 구입하지 않는다. 왜냐하면 이 미신을 믿는 사람들이 일하려 하지 않거나 방문을 꺼리기 때문이다.

12층 위는 틀림없이 13층이다. 13층에 14라고 적는다고 해서 13층이 없어지거나 14층이 되는 것은 아니다. 그런데도 13층 벽에 14라고 적는 것이 무슨 차이를 만드는가? 논리는 미신을 믿는 사람에게는 소용이 없다. 어떤 사람이 그들에게 숫자 13은 '불행'을 가져온다고 말하면, 그들은 아무런 의심 없이 그 말을 그냥 믿어버린다.

미신에 대한 증거 '카드 섞기'

미신을 믿는 사람들은 숫자 13이 불길하다고 말한다. 그것이 사실인 것처럼 보이는 여러 가지 예를 실제로 보았다고 주장하면서. "지난달 1303호에 사는 샘이 자전거를 타다 넘어져 팔이 부러졌고, 지난주에는 1307호에 사는 메리가 차를 도둑맞았고, 1310호에 사는 빌은 어제 개한테 물렸거든요. 내가 13층 아파트에 살지 말라고 그렇게 일렀건만……."

미신을 믿는 사람들은 그런 '일화적인 증거'(사건에 관한 이야기인 '일화'에 바탕한 증거)는 관찰에서 나온 것이라고 주장한다. 하지만 13층에 살거나 13층에서 일하는 사람들에게 일어난 불행을 줄줄 읊어댄다고 해서 그러한 일들이 특별히 '불운'의 결과라는 것을 증명해주는 것은 아니다. 왜냐하면 다른 층에 사는 사람들을 포함한 모든 사람들이 그런 불운을 똑같이 겪을 수 있기 때문이다. 우리는 13층에 사는 사람들에게서 일어난 것과 같은 불운의 예를 얼마든지 들 수 있다.

신중한 관찰에 의해 13층에 살거나 13층에서 일하는 사람들이 더 '불운'하다는 것을 보여줄 수 없다면, 우리는 그들이 다른 층 사람들보다 더 '불운'하다고 말할 수 없다. 세심한 조사를 근거로 한 실험을 해보아야 할 것이다.

사람들이 일화적인 증거로 미신이나 혹은 어떤 의견을 증명하고자 할 때, 추리 과정에서 종종 카드 섞기(cardstacking)라 불리는 잘못을 저지른다. 카드 섞기란 일부 도박사들이 이길 확률을 높이기 위해 게임에 앞서 미리 카드를 준비하는(즉 자신에게 유리한 패가 나오도록 카드를 '섞는') 특별한 방법(속임수)에서 비롯되었다.

자신이 '증명'하고자 하는 것에 유리한 예만을 찾거나 보여주고, 불리한 것을 보여주는 예는 모두 감춰버리거나 무시해버린다면 그 사람은 바로 '카드 섞기'를 하는 것이다(그림 3.2).

다른 사람들을 속일 목적으로 고의적으로 카드 섞기를 하는 사람들도 있다. 그러나 대부분의 사람들은 자신의 의견이 옳다는 것을 '증명'해 보이고 싶은 간절한 마음에 그 의견이 잘못되었다는 것을 보여주는 증거를 무시해버린다.

그림 3.2 종종 자신의 의견을 지지하는 사실만을 제시하고 반대되는 사실은 감추거나 억누름으로써 증거에 대한 카드 섞기가 행해진다. 사람들은 자신의 의견이 틀리다는 것을 보여주는 사실을 무시하거나 거부함으로써 스스로를 속인다. (그림: Albert Sarney)

숫자 13에 관한 진실을 찾기 위한 실험

13층에 사는 것이 '불운'을 가져온다는 미신에 어떤 진실이 있는지 알아보기 위해 우리는 과연 과학적 실험을 할 수 있을까? 그러기 위해 우리는 무엇을 해야 할까?

에디라는 학생이 과학 숙제로 그런 실험을 한다고 가정하자. 그

학생은 13층이 있는 건물을 찾아서 13층에 사는 사람들과 인터뷰를 하기로 마음먹었다. 또한 그는 어떤 층에 '불행'한 사람이 더 많이 살고 있는지 비교하기 위한 대조군이 필요하여 12층에 사는 사람들도 인터뷰를 하였다. 그는 두 층에 사는 모든 사람들을 인터뷰함으로써 '불행'의 정도를 알아낼 생각이었다.

에디는 1301호의 벨을 누르면서 실험을 시작한다. 중년의 남자가 나타나서 "그래, 무엇을 원하는데?" 하고 말한다.

에디는 자신의 과학 숙제를 설명하고 그가 최근에 겪었던 '불행'을 이야기해달라고 부탁한다. 그 남자는 에디를 빤히 쳐다보더니, "그런 어처구니없는 질문에 대답할 시간이 없단다. 축구 경기를 보고 있는 중이거든." 그러고는 문을 쾅 닫고 들어간다. 에디는 더 이상 진행할 수가 없어 1301호를 리스트에서 지운다.

이것은 그냥 넘어갈 일이 아니다. 이런 식으로 몇 개의 아파트를 인터뷰하지 않고 건너뛰는 것은 비교를 제대로 할 수 없어 결과를 왜곡시킨다. 1301호에 사는 이 남자처럼 퉁명스러운 사람들은 세상에 대해 화가 나 있을 수 있다. 왜냐하면 그들에게는 많은 불행이 있었기 때문이다. 그래서 그들은 그런 것에 대해 이야기하고 싶어하지 않는다. 이런 경우, 에디는 많은 '불행'의 예를 놓치게 되고 그의 기록은 불완전해진다.

1302호에서 에디가 만난 사람은 친절한 여자였다. 그녀는 "좋은 생각이구나. 기꺼이 너의 숙제를 도와주마. 들어오렴. 자, 여기 쿠키와 음료수가 있다. 먹으렴."

그 여자는 여러 가지 자그마한 '불행'에 대해 오랫동안 설명하기 시작한다. "어디 보자. 월요일에 나는 팔이 긁혀 피가 났단다. 그래서 과산화수소수로 상처를 소독하고 일회용 밴드를 붙였지. 그리고 지난 수요일에는 우리 삼촌이 배가 아팠단다. 그런데 의사는 삼촌을 곧바로 큰 병원으로 보냈단다. 믿을 수 있겠니? 그 의사는 심장 발작으로 생각했던 것 같아. 그래서 큰 병원에서 심전도 측정을 했는데 아무런 이상을 발견하지 못했단다. 그러나 그들은 며칠 간 더 관찰하겠다며 삼촌을 그대로 병원에 잡아두고 있단다. ……" 그리고 30분을 더 계속한다.

우리는 '불행'을 측정할 수 있을까

그날 밤 에디는 많은 인터뷰를 끝내고 급히 갈겨써놓은 메모를 어떻게 처리해야 할지를 고민할 것이다. 에디는 심각한 문제에 부딪힌다. 어떤 것이 가장 불행한 것인가? 다리가 부러진 것? 아니면 폐렴? 에디는 실직과 이혼을 어떻게 비교해야 하는가? 혹은 투자를 잘못하여 1000달러를 잃은 것과 아주 친한 친구가 죽었다는 소식을

들은 것은 어떠한가?

인터뷰를 통해 사람들이 말하고 겪은 사건에 관해 연구하는 사람들은 종종 1에서 10까지의 등급 체계를 세운다. 이것은 대답 혹은 결과를 비교하는 데 도움이 된다. 에디도 마찬가지로 가장 약한 불행을 1로, 가장 큰 불행을 10으로 등급을 매긴다.

그는 다리가 부러진 불행에 어떤 등급을 매길 것인가? 5? 7? 9? 그는 부러진 다리의 심각성을 어떻게 고려할까? 몇 달 후면 원래대로 회복될 수도 있고, 아니면 영원히 절름발이로 남을 수도 있는데.

100달러가 들어 있는 지갑을 잃어버린 경우는 어떤 등급을 매길까? 이것은 생계를 유지하기 위한 돈을 가까스로 버는 가족의 누군가에게는 아주 큰 불행이다. 그러나 백만장자에게는 그리 불행이랄 것도 없다. 에디는 돈을 잃어버린 사람이 부자인지 가난한 사람인지 알아낼 수 있을까?

같은 불행을 놓고도 사람마다 다르게 등급을 매길 것이다. 가난을 모르는 사람은 100달러를 잃어버린 것에 높은 등급을 매기지 않을 것이다. 그냥 은행에 가서 쉽게 그 돈을 보충하면 그만이라고 생각할 테니까. 그러나 가난한 사람은 돈을 잃어버린 것을 평가할 때 더 동정적이 되어 높은 등급을 매길 것이다.

또 다른 문제가 있다. 에디의 인터뷰에는 약간의 상처가 생겨 그냥 반창고를 붙이면 되는 사람이 10명이었다. 에디는 이들 각각에게 등급 1을 매겨 합계가 10이었다. 그러나 가족의 죽음을 보고한 1명에 대해서는 가장 높은 10을 주었다. 같은 10점이지만 그 죽음은 분명 반창고를 붙이면 되는 10개의 상처보다 훨씬 더 나쁜 불행이다.

이러한 이유 때문에 불행에 대한 등급제는 '객관적'일 수 없고 '주관적'이라고 할 수 있다.

주관적 혹은 객관적?

사람들이 서로 다른 의견, 믿음 그리고 개인적 경험 등에 좌우될 때, 그 판단은 주관적이다. 에디의 등급제는 분명 주관적이다. 만약 엘지, 바비, 샐리가 똑같은 불행을 놓고 등급을 매긴다면 그들 모두는 아마도 서로 다른 등급을 매겼을 것이다. 사람들이 말해준 것에 바탕해 '불행'에 등급을 매기는 것은 분명 주관적이다.

반면에 개인의 감정 혹은 편견 없이 실제로 누구나 같은 등급을 매길 수 있도록 하고, 또 쉽게 반복되는 측정법으로 등급을 매기면 객관적이라고 한다.

예를 들어 눈짐작으로 방의 길이를 판단하려는 10명의 사람이 있다고 하자. 그들은 서로 다르게 말할 것이다. 그러나 줄자를 사용하면 모든 사람들의 대답은 일치할 것이다.

그러나 '불행'의 정도를 측정할 수 있는 기구는 없다. 왜냐하면 그것은 애매하고 추상적이기 때문이다. 그것은 측정 가능한 길이나 넓이, 높이, 부피, 무게 혹은 색깔 등이 없다. 우리는 그것을 볼 수도, 들을 수도, 만질 수도, 냄새를 맡을 수도, 맛을 볼 수도 없다. 그것은 물건이 아니라 추상적인 생각이다.

세상에는 중요하지만 측정하기 어려운 생각들이 많이 있다. 그 생각들은 아주 추상적이다. 좋다, 나쁘다, 더 좋다, 더 나쁘다, 불행, 민주주의, 자유, 사랑, 증오, 질투 등. 행운과 불행을 비교하기 위한 방법을 찾기 위해 우리는 사람들이 가지고 있는 생각에 따라 변하는 미묘하고 주관적인 등급제를 만든다.

사람들이 등급을 매기는 숫자는 편견(선입견)에 의해 많은 영향을 받는다. 그들이 매긴 등급은 자신이 더 좋다고 혹은 더 나쁘다고 생각하는 것에 유리하도록 왜곡된다. 그런 경우, 사람들은 스스로 중요하지 않다고 생각하는 불행은 기록하지 않음으로써 자신의 기록에 '카드 섞기'를 적용하는 경향이 있다.

또한 카드 섞기는 사람들이 실험의 결과에 대해 강한 의견을 가지고 있는 경우에도 일어난다. 예를 들어 에디가 13을 불행의 숫자라고 믿고 있다면, 다른 층에 사는 사람들보다 13층에 사는 사람들에게 일어나는 불행에 더 높은 등급을 매길 수도 있다.

사람들은 대개 자신이 가지고 있는 강한 의견에 편견이 있음을 깨닫지 못한다. 그것은 (의식의 밑바탕에 놓여 있는) 잠재의식이다. 사람들은 자신의 의견이 옳다고 나타나면 기분이 훨씬 좋다. 반면 자신의 의견이 틀리다고 나타나면 기분이 나쁘다. 그래서 사람들은 종종 자신들이 '보고자 하는 것을 보게 된다.' 그런 경우, 13층의 '불행'에 관한 미신이 사실인지를 알아보려는 주관적인 실험은 결국 실험하는 사람이 증명하고자 하는 것을 증명하는 것으로 끝이 날 수 있다.

에디가 자신의 편견의 이러한 영향을 줄이기 위한 방법의 하나는 몇몇 사람들에게 12층에서 일어난 것인지, 혹은 13층에서 일어난 것인지 가르쳐주지 않고 두 층에서 일어난 불행에 대해 등급을 매기게 하는 것이다. 그러나 이것은 그의 실험을 매우 복잡하게 만들 것이다.

등급의 의미

'불행' 등급 매기기가 끝난 후에도 여전히 많은 문제가 남아 있다. 에디가 각 층에서 일어난 불행에 대해 매긴 등급을 모두 합하니 12층에서는 217이, 13층에서는 249가 나왔다고 가정해보자.

249는 217보다 얼마나 높은가를 알아보기 위해 에디가 249를 217로 나누었더니 1.15가 나왔다. 이것은 249가 217보다 15퍼센트 더 높다는 것이다. 이것이 과연 13층에 사는 사람들이 12층에 사는 사람들보다 15퍼센트 더 불운한 일을 겪는다는 것을, 그래서 더 '불행'하다는 것을 '증명'하는 것인가?

아니다. 각 층에 10가구만 살고, 그들이 1개월만 살았다 해도 너무 많은 변수가 존재한다. 만약 에디가 다른 달에 다른 건물에서 인터뷰를 하였다면, 조사된 불운한 일은 분명 다를 것이고 총 점수도 다르게 되어 어쩌면 12층이 더 높은 총점이 나왔을지도 모른다.

인터뷰 횟수를 더 많이, 더 많은 건물에서, 각기 다른 장소에서, 그리고 더 오랜 기간 동안 하면 판단을 내리기에 좀더 안전하다.

그럼 인터뷰를 얼마나 많이 해야 충분할까? 과학자들은 통계학이라는 수학의 한 종류를 사용하여, 사람들이 적당한 판단을 내릴 수 있는 충분한 관찰이 이루어지려면 측정이나 등급 매기기가 얼마나 반복되어야 하는지를 판단하는 데 도움이 되도록 하고 있다.

알다시피 13층 사람들이 진짜로 더 '불행'한지를 알아내기에 적절한 실험을 하는 데는 많은 시간과 많은 돈이 요구된다.

시간, 노력, 비용 등의 이유로 어느 누구도 13층의 '불행'에 관한 미신을 밝히기 위한 실험을 타당하게 여기지 않았다. 그러나 누군가가 이 실험을 실제로 했다고 가정해보자. 그래도 그의 결론에 동의하지 않는 사람들은 그 등급이 너무 주관적이라고, 그러므로 그것은 어느 것도 증명하지 않기 때문에 그 실험은 비과학적이라고 말하면서 그에 반하는 많은 이유를 찾아내려고 할 것이다.

미신은 진실이 아님을 보여주는 방법

아마 아무도 13층 사람들이 더 '불행'하다는 것을 알아보기 위한 실험을 하지 않았겠지만, 숫자 13에 관한 일반적인 미신이 진실이 아니라는 것을 보여주는 좋은 증거는 있다.

병원, 경찰, 소방서, 보건소, 보험회사들은 많은 불상사(화재, 범죄, 질병, 사망, 집 안에서의 사고, 자동차나 비행기 사고 등)에 관한 기록을 가지고 있다. 이런 정보는 의사, 소방수, 경찰, 그리고 다른 공무원 등에 의한 객관적인 관찰을 근거로 하기 때문에 꽤 믿을 만하다. 이런 사람들은 사고로 죽고 다친 사람에 대해, 그리고 사건이 일어난 날짜에 대해 기록하는 데 전혀 편견을 가질 만한 이유가 없다.

그 결과 우리는 13 혹은 13일의 금요일에 관한 일반적인 미신의 진실 여부를 쉽게 검사할 수 있다. 우리는 단순히 각 달에 일어난 모든 사망, 사고, 화재, 질병, 혹은 범죄 등을 합산하여 나온 숫자들을 완전히 객관적으로 비교할 수 있다.

이런 공식적인 기록은 13일의 금요일에, 혹은 어느 달이든지 13일에 다른 날보다 더 많이 불행한 일이 일어나지 않는다는 것을 보여준다. 이것은 숫자 13은 '불길'하다는 미신이 사실이 아님을 보여주는 강력한 증거이다.

추리력 이용하기

또한 우리는 논리적 추리를 이용하여 숫자 13에 관한 미신이 사실이 아님을 보여줄 수 있다. 미신을 믿는 사람들이 무시하는 중요한 과학적 질문을 하겠다. 어떻게 해서 숫자 13이 13층에 사는 사람들에게 불행을 일으킨다고 가정하게 되었을까?

미신을 믿는 누군가가 13층에서 엘리베이터를 내려서 벽에 커다랗게 적혀 있는 숫자 13을 보았다고 하자. 그 숫자 13은 희생자를 찾아내는 보이지 않는 눈을 가지고 있단 말인가? 그 유령 같은 13의 보이지 않는 악령이 다음 몇 달 동안 그 희생자를 따라다닌다는 것인가? 그 13의 악령이 희생자에게 '불행'을 주기 위해 그가 다니는 길목에 바나나 껍질을 떨어뜨리고, 그가 그 껍질에 미끄러져 넘어져서 다리가 부러지도록 한단 말인가?(그림 3.3)

이런 질문을 하는 것만으로도 이 미신이 얼마나 어리석은지 말해주고 있다. 우리가 보고, 듣고, 느끼고, 냄새 맡고, 맛보고 한 것은 아무것도 없다. 그리고 벽에 적힌 단순한 숫자 13이 그런 마법과 같은 일을 불러일으킨다고 설명할 수 있는 것도 없고, 관찰한 것도 없다.

이런 미신은 세상이 돌아가는 방식에 관해 우리가 알고 있는 것과는 맞지 않는다. 그것은 동화식 사고방식의 한 예일 뿐이다.

이러한 이유 때문에, 이 복잡한 세상에서 다른 여러 가지 것들에

그림 3.3 숫자 13이 '불행'을 일으킨다는 미신에 대한 믿음은 보이지 않는 유령 같은 13의 '악령'이 사람들을 따라다니며 불운한 일이 일어나도록 한다는 것을 의미한다. 하지만 13이 그렇게 한다는 관찰할 수 있는 증거는 없다. (그림: Albert Sarney)

대해 우리가 알고 있는 것과 마찬가지로, 우리는 13과 '불행'에 관한 미신은 진실이 아닐 거라고 확신하게 된다.

'불행' 혹은 '행운'에 관한 다른 미신들은 숫자 13에 관한 미신에 대해 한 것과 같은 방식으로, 즉 추리 방법에 의해 분석될 수 있다.

미신은 어떻게 우리에게 해를 입히는가

숫자 13이 사람에게 해가 되는 방식이 있다. 13이 '불행'을 일으킨다는 미신을 굳게 믿는 사람이 13이라고 적혀 있는 층에 우연히 갔다고 하자. 13의 악령이 희생자를 쫓아다니다가 해를 입힌다는 두려움은 분명 그것을 믿는 사람으로 하여금 긴장하게 만들 것이다. 그러면 사고가 나기 쉽다. 그리고 사소한 불운도 과장되어 큰 사건으로 상상하기 쉽다. 어떤 사람들은 최악의 경우를 상상하다가 실제로 아프기도 하고 심지어 죽기도 한다.

최근 아들이 아버지를 살해한 사건에 대한 재판이 있었다. 그의 아버지는 항아리 속에 악령이 있다는 미신을 믿고 가족과 친구들을 못살게 굴었다. 아들이 살인을 한 이유는 항아리 속에 있다고 여겨진 악령의 무시무시한 힘으로부터 가족을 구하기 위해서였다.

폭군 아버지가 죽은 후에도 가족은 그 항아리를 쓰레기통에 내다 버릴 수 없었다. 왜냐하면 그들은 그 악령의 마법의 힘이 어떻게 해서든 자신들을 해칠 방법을 찾아낼 거라고 믿었기 때문이다.

가족들은 그 악령을 쫓아내기 위해 엑소시스트(악령을 쫓아내는 사람)를 불러 그것을 퇴치하는 주문을 외우도록 함으로써 악령의 문제를 해결하였다. 그 후 그들은 안전함을 느꼈다. 그러나 아버지는 죽었고 아들은 살인죄로 감옥에 갇혔다.

그런 두려운 생각을 치유하는 가장 좋은 방법은 '불운'이나 '행운'에 관한 미신이 사실이 아니라는 것을 깨닫는 지식이다. 우리가 세상에 대해 알고 있는 것에 역행하는 마법을 부릴 수 있는, 보이지 않는 초자연적인 영혼은 없다.

물론 대부분의 사람은 자신들이 그런 미신에 빠져들 거라고 생각하지 않는다. 그러나 잠깐! 여론조사에 따르면, 미국인 4명 중 1명이 점성술이라는 또 다른 미신을 믿는 것으로 나타났다. 많은 사람들이 이런 미신을 믿고 있다는 것은 미국 내 1000종이 넘는 신문에 매일같이 '별자리 운세'가 실리는 사실만 봐도 알 수 있다.

점성술이 미신이라는 것을 우리는 어떻게 알 수 있는가? 다음 장은 점성술이 말해주는 것을 어떻게 분석할 수 있는지를 설명하여 그런 믿음이 미신이라는 것을 보여준다.

04

점성술: 과학인가, 미신인가

여론조사에 따르면, 미국인들은 4명 중에 1명꼴로 점성술을 믿는다고 한다. 그들 중 많은 사람들이 매일 신문에 게재된 별자리 운세를 읽고, 거기에 나와 있는 조언대로 하려고 한다. 게다가 그와 관련된 많은 책들이 출판되어 판매되고 있다. 또한 사람들은 중요한 결정을 해야 할 때, 점성가를 찾아가 개인적으로 별자리 점을 치고 상당한 돈을 치른다.

이런 별자리 점을 쳐주는 점성가들은 자신들이 하는 일이 '사실'에 근거한 훌륭한 '과학'이라고 말한다. 그들은 사람의 태어난 시간과 날짜로 그 사람의 성격을 말할 수 있다고 주장한다. 또한 지구에 사는 누구든지 그의 미래를 예측할 수 있을 뿐 아니라, 하고자 하는 활동에 따라 어떤 시간이 '유리'하고 '불리'한지도 예측할 수 있다고 장담한다. 예를 들어 점성가들은 사람들에게 어떤 날, 어떤 시간에 결혼하는 것이 좋고, 혹은 어떤 날에 사업을 시작하거나 여행가는 것이 좋다고 조언한다.

점성가들은 각 시간과 장소에 따른 '별자리 점'을 통해 이런 모든 것을 예언할 수 있다고 자신한다. 그들은 천체를 나타내는 표를 사용하여 특정한 순간과 특정한 장소의 하늘에서 태양, 달, 행성, 그리고 별자리 등이 정확히 어디에 있는지를 파악한다. 그리고 그들은 해당 활동에 대한 운이 좋은지 나쁜지를 예측하기 위해 매우 복잡한 천체의 규칙을 적용한다. 만약 어떤 순간이 좋지 않다고 판단이 되면, 그들은 그보다 더 좋은 날과 시간을 말해줄 수 있다고 주장한다.

만약 이것이 사실이라면 정말 엄청나게 유용할 것이다. 그래서 다음 질문에 대답하는 것은 중요하다. '점성술은 정말 과학일까? 그리고 어떤 사람이 계획한 활동에 대해 행운과 불운을 예측할 수 있을까?'

점성술은 진실일까

이 질문에 대답하기에 좋은 방법은 점성가들이 말하고 행동하는 것을 분석하는 것이다. 유명한 점성가인 조앤 퀴글리(Joan Quigley)를 예로 들어보자. 그녀는 수년 동안 유명한 할리우드 배우들에게 별자리 점을 쳐주었다. 뿐만 아니라 6년 동안 그녀는 미국 레이건 전 대통령이 중요한 임명을 해야 할 때마다 부인인 낸시 레이건에게 점을 쳐주고 많은 돈을 받았다.

낸시 레이건이 자신의 책 《내 차례(My Turn)》에서 그렇게 밝혔기 때문에 우리는 이 사실을 알고 있다. 조앤 퀴글리는 이 사실을 《조앤이 말하는 것(What Does Joan Say?)》이란 저서에서 더욱 확실히 밝히고 있다.

레이건 대통령이 중요한 방문약속을 해야 할 때, 이를 낸시 여사가 바꾼 적이 있다고 퀴글리가 말한 많은 예 중에서 한 가지를 살펴보자.

1987년 레이건 대통령은 제2차 세계대전 때 죽은 독일 사람들을 추모하기 위한 헌화식에 참석하기 위해 독일 비트베르크(Bitberg)를 방문할 예정이었다. 그런데 이 방문에 대한 논란이 일었고, 낸시 여사는 대통령의 안전뿐 아니라 평판이 좋지 않을까봐 걱정이 되었다. 낸시 여사는 퀴글리에게 대통령의 일정을 검토해달라고 요구하면서, '불운'을 피하기 위해 일정을 바꾸어야 하는지를 물었다.

헌화식은 이른 아침으로 일정이 잡혀 있었다. 퀴글리는 예정된 시간에 대해 별자리 점을 친 결과, 그 시간은 헌화식을 하기에 좋은 시간이 아니며, 오전 11시 45분이 여러 행성과 별들이 그 행사를 치르기에 훨씬 '좋은' 위치에 있게 된다고 말했다. 그 후 낸시 여사는 대통령 보좌관에게 행사 시간을 바꾸어야 한다고 고집하였다. 비록 그것이 어렵다 할지라도.

퀴글리는 자신의 책에서 왜 그렇게 시간 변경을 했는지 잘 설명하고 있다.

> 그때 나는 그 행사 자체를 관장하고 있는 태양이 명예와 명성의 열 번째 궁(宮) 위로 아주 높이 떠 있는 시간을 선택하였다. 태양과 당당하고 명예롭고 위엄 있는 사자자리의 상승점(Leo Ascendant)이 그 행사의 특성을 나타냈고, 자비와 선의의 행성인 목성은 국민을 나타냈다. 아홉 번째 궁에 있는 두 개의 행성은 세계적 관심을 나타냈다. 그리고 열 번째 궁에 있는 화성은 승리를 나타냈다.

대통령의 행사에 맞는 '최고'의 시간을 결정하는 이런 방법은 많은 문제를 일으킨다.

왜 하늘 높이 열 번째 궁에(하늘의 특정한 위치에) 떠 있는 태양이 대통령의 행사에 '명예와 명성'을 가져다주는 걸까?

비트베르크라고 불리는 특정 장소에서 진행되는 행사 시간에 대체 무슨 일이 일어날지를 알 수 있는 능력을 어떻게 태양이 가지고 있단 말인가? 그렇다면 태양은 같은 시간에 지구 위 모든 곳에 있는 수많은 사람들의 다른 행사에도 이 같은 일을 하는가?

수천억 킬로미터나 멀리 떨어져 있는 각각의 별들이 사자자리라 불리는 별자리에 한데 모이는 것이 왜 '당당하고 명예롭고 위엄' 있단 말인가? 이렇게 엄청나게 멀리 떨어진 별들이 어떻게 독일에 있는 미국 대통령의 '행사의 특성'을 나타낸단 말인가?

목성이 어떻게 '자비와 선의'의 의미를 주며, 수백만 킬로미터나 떨어져 있는 독일 비트베르크에서의 행사에 대한 '국민'의 태도를 나타내는가? 목성은 어디에서 그런 힘을 얻었는가? 목성은 어떻게 이런 자비와 선의를 지구에 전달하는가?

대통령의 행사는 이미 TV와 라디오의 주요 뉴스 프로그램을 통해 전 세계에 보도되었다. 그런데 왜 아홉 번째 궁에 있는 두 개의 행성이 그 행사에 대한 본래의 관심보다 더욱 많은 관심을 가져다주는가? 그리고 어떻게 화성은 대통령의 행사가 무엇을 의미하든지 간에 그 행사에 '승리'를 가져다주는가?

점성가들은 이러한 '왜' 혹은 '어떻게'라는 질문을 하지도 않고 대답도 하지 않는다. 왜냐하면 그들은 그냥 맹목적으로 '점성술'이라 불리는 매우 복잡한 규칙—주사위를 사용하는 테이블 게임처럼—을 따르기 때문이다. 그들은 책을 통해서, 혹은 특수학교를 다니면서 이 게임 규칙을 배웠다. 이런 점성학 책을 쓴 어느 누구도, 혹은 점성학 수업을 가르치는 어느 누구도 과학자들처럼 연구나 실험을 하면서 굳이 힘들게 그런 질문을 한다거나 그런 질문에 대답하려 하지 않는다.

규칙의 대부분은 약 2000년 전의 점성가들에 의해 만들어졌다. 그 이후의 점성가들은 그 규칙들이 참인지 거짓인지를 증명해보려 하지도 않고 그냥 그 규칙들을 맹목적으로 따라왔다. 좀더 창의적인 점성가들은 오히려 자신만의 규칙을 만들고, 그 책 속에 추가하여 다른 점성가들에게 가르치기도 했다.

점성가들은 무엇이 사실인지를 이해하지 못한다

퀴글리의 진술을 살펴보자. "태양이 …… 명예와 명성의 열 번째 궁에……. 아홉 번째 궁에 있는 두 개의 행성은 세계적 관심을 나타냈다. 그리고 열 번째 궁의 화성은 승리를 나타냈다."

퀴글리가 그렇게 중요하게 생각하는 하늘에 있는 '궁'은 무엇인가? 그것은 북에서 남쪽에 이르는 하늘 전체를 상상하여 나누어 놓은 많은 게임 규칙과 같은 것이다. 대부분의 점성가들은 하늘을 12개의 영역으로 나누었다. 그러나 일부 점성가들은 8개로, 혹은 20개, 24개로 나눈 사람들도 있다.

동화식 사고방식에 따라 전혀 증거도 없이 그들은 각 궁들이 인간의 삶의 특정한 면을 관장한다고 믿어왔다. 어떤 것이 각 궁도에 속하는가는 점성가들의 상상에 따라 다르다. 퀴글리가 따르는 12궁 체계에서 볼 때, 첫 번째 궁은 사람의 성격에 영향을 미친다고 여겨진다. 두 번째 궁은 재산과 감정을 관장한다고 보고 있다. 그 밖의 다른 궁들은 여행, 가족, 애정 등에 관여하고 있다.

지구가 축을 중심으로 자전함에 따라 하늘은 매일 우리 주위를 회전하는 것처럼 보인다. 점성가들은 태양, 달, 행성, 별자리들이 각각 한 궁에서 다음 궁으로 서서히 옮겨간다고 믿고 있다. 또한 태양, 달, 행성 혹은 별자리가 한 궁에서 다음 궁으로의 경계선을 넘어갈 때, 그것들은 이전의 궁이 관장하는 특성은 그대로 남겨두고 다음 궁의 새로운 특성을 받아들인다.

하늘의 궁에 관한 이러한 체계는 50여 가지가 존재하고 있다. 점성가는 자기 나름대로의 궁의 수와 각각의 궁이 의미하는 것을 상상할 수 있다. 그러나 그들이 상상한 하늘의 궁이 그들의 주장대로 사람들에게 실제로 영향을 미치는지를 밝히기 위한 실험을 한 사람은 아무도 없었다. 동화식 사고방식을 가지고 어떤 점성가가 사실이라

그림 4.1 밀리: 왜 지금 여행을 떠나지 않는 거지?

빌리: 내 점성가가 태양이 여행의 궁에 들어갈 때까지 기다리라고 했단 말이야. 그렇지 않으면 우리에게 불운이 일어난대.

밀리: 그럼 왜 태양이 부(富)의 궁에 있었던 한 시간 전에 출발하지 않았지?

고 상상한 것을 그냥 사실이라고 가정하였다.

그림 4.1은 이런 동화식 사고방식이 얼마나 어리석은지를 보여주고 있다. 여행을 하려고 할 때, 태양이 행운을 관장하는 것으로 여겨지는 궁으로 옮겨갈 때까지 여행을 늦춘다면 어떨까? 그런 궁이 존재한다는 증거가 없는데 대체 누가 그것을 믿는단 말인가?

퀴글리가 왜 "당당하고 명예롭고 위엄 있는 사자자리 상승점이 그 행사의 특성을 나타낸다" 고 생각했는지 분석해보자.

사자자리(Leo)는 별자리의 이름이다. 'Leo'는 사자(lion)를 뜻하는 라틴어에서 유래했다. 로마인들은 하늘에 있는 사자에 관한 상상을 그리스 신화에서 빌려왔다. 신화에서 사냥꾼 '오리온'은 니메아(Nimea)라는 고대 숲 속에 살고 있던 위험한 사자를 죽이고 어렵게 승리를 하였다. 당시 로마 최고의 신인 주피터는 그 죽은 사자를 기리기 위해 레오(Leo)라고 불리는 별자리의 별로 하늘에 박아두었다.

별자리에 있는 별들의 배열은 대부분 고대 점성가들이 상상했던 사람, 동물 혹은 물건과 거의 닮지 않았다. 예를 들어 그림 4.2는 사자자리에 있는 별들이 우리에게 어떻게 보이는지를 보여주고 있다. 사자처럼 생긴 뭔가가 보이는가?

고대 점성가들은 이 별자리에 사자자리라는 이름을 지어 붙인 후, 이 사자자리가 멀리 지구에 있는 모든 사람들의 삶, 즉 행운에 어떤 영향을 미치는지 규정하기 위해 자신들이 할 수 있는 모든 상상력을 동원하였다.

그들은 유비(analogy)라는 자신들이 즐겨 쓰는 추리 방법을 사용하였다. 만약 두 가지가 어느 면에서 서로 닮은 점이 있다면, 아마도 그

그림 4.2 이 그림은 사자자리에 있는 밝은 별들의 배열을 나타내고 있다. 고대 점성가들이 상상했던 것처럼, 별들의 배열에서 사자가 보이는가? 오늘날의 점성가들은 이런 고대의 미신이 사실이라고 가정하고 별자리 점을 친다. 그리고 별자리 점이 미신이라는 것을 부정하고 있다. (그림: Albert Sarney)

것들은 다른 면에서도 비슷할 수 있다. 그러나 점성가들은 '아마도'라는 것을 잊어버리고 '반드시'로 이해해버린다. 그들은 '아마도'를 '반드시'로 바꾸어 유비에 의한 추리 방법을 아주 그릇되게 남용한다. 우리는 그것을 과장된 유비(stretched analogy)라고 한다.

아주 옛날에 사자는 '동물의 왕'으로 여겨졌다. 왕은 당연히 '당당하고 명예롭고 위엄 있는' 존재였다. 그래서 과장된 유비에 따라, 사자자리에 우연히 있는 각각 수백만, 수천만 킬로미터 떨어진 별들의 무리 역시 '당당하고 명예롭고 위엄 있다'고 여겨졌다. 이것이 바로 고대 점성가들이 우연히 사자자리라고 부른 이 별들이 대통령의 행사에 당당함, 명예, 위엄 등을 가져다줄 거라고 퀴글리가 믿은 이유이다.

퀴글리는 '사자자리 상승점'으로 무엇을 의미하고자 한 걸까? 아침에 동쪽 지평선 근처에서 떠오르기 시작하는 행성 혹은 별자리는 상승하고 있다. 그러므로 '욱일승천의 기세'에 놓여 있다. 과장된 유비에 따르면, 행성 혹은 별자리가 올라가고 있다는 것은 그 세력이 더욱 강해지고 있음을 의미한다. 따라서 '사자자리 상승점'은 대통령의 행사에 더욱 당당함과 명예, 위엄을 전해주게 된다.

퀴글리는 여기에서 '카드 섞기' 오류를 범한 것이다. 사자가 어린 양을 잡아먹는 모습을 보면 아주 사악하다. 그러나 퀴글리는 사자의 폭력적인 면을 무시한 채 사자에 대해 과장된 유비를 하였다. 그녀는 위엄 있는 사자의 좋은 특성만이 비트베르크 행사에 전해지는 것으로 상상하였다.

어쩌면 다른 점성가는 난폭한 사자의 특성을 참고해, 사자자리가 '상승 기세'에 있는 오전 11시 45분의 위험한 시간에는 행사를 갖지 말라고 대통령에게 조언할 수도 있다.

고대 점성가들이 만약 하늘에 있는 별자리에서 사자 대신 닭을 보았다고 상상하여 그 별자리를 사자자리가 아닌 '닭자리'로 불렀다고 가정해보자. 이 경우 점성가는 닭자리에서 당연히 닭의 성질을 느꼈을 것이다. 그리고 오늘날의 점성가들에게 당당하고 명예롭고 위엄 있는 사자자리의 특성 대신에 소심하고 겁 많은 닭자리의 성질이 사람이나 사건에 영향을 주는 것으로 비쳐졌을 것이다.

점성술은 고대 신들에 대한 믿음에 기초해 있다

고대 그리스인들의 생각을 물려받은 로마인들은 전쟁의 신 마르스(Mars)가 Mars(화성)를 하늘에 옮겨놓았다고 상상하였다. 마찬가지로 주피터(Jupiter) 신은 Jupiter(목성)를, 비너스(Venus) 여신은 Venus(금성)를, 머큐리(Mercury) 신은 Mercury(수성)를, 새턴(Saturn) 신은 Saturn(토성)을 옮겨놓은 것으로 상상하였다.

고대 로마의 점성가들이 행성에 신의 이름을 사용하였다는 사실은, 그들이 행성과 신을 거의 동격으로 생각했다는 것을 말해준다. 그로 인해 그들이 신의 생김새에 대한 궁금증을 푸는 실마리를 행성의 외형에서 찾은 것은 그럴듯해 보인다.

화성은 붉은 겉모습을 가지고 있다. 그것은 고대 점성가들로 하여금 피를 연상시켰고, 피는 다시 폭력과 전쟁을 연상시켰다. 전쟁은 승리를 원하는 힘세고 용감한 남자들에 의해 일어났다. 과장된 유비를 통해, 고대 점성가들은 마르스 신을 전쟁, 무력, 용기, 남자다움, 병사, 그리고 승리—그 외 그들이 상상할 수 있는 특성—를 관장하는 신으로 상상하였다.

이것이 바로 퀴글리가 "열 번째 궁에 있는 화성은 일종의 승리를 나타낸다"는 생각을 갖게 된 이유이다. 이러한 추리는 화성이 인간의 전쟁, 유혈, 무력, 승리, 그리고 인간 생활과 사건에서 나타날 수 있는 그와 비슷한 특성 등을 관장한다는 고대 로마인들의 미신을 퀴글리가 사실로 받아들이고 있음을 말해준다.

또 다른 점성가도 어쩌면 비트베르크 행사에 폭력을 의미하는 화성의 영향이 미친다고 생각할 수 있다. 그것은 레오(Leo), 즉 사자의 난폭한 면과 일치하기 때문이다. 그러면 그 점성가는 퀴글리와 반대되는 결론에 도달할 수 있다. 다시 말해 폭력이 예측되기 때문에 오전 11시 45분은 피해야 한다고.

목성은 화성이나 금성보다 훨씬 느리게 움직인다. 과장된 유비를 통해, 고대 점성가들은 주피터를 다른 신들보다 더 나이 많은 존재로 상상하였다. 그래서 그를 최고의 신으로 상상하였다. 즉 주피터는 다른 신들보다 더 성숙하고 현명하고 자비롭게 여겨졌다. 그것이 바로 점성가 퀴글리가 주피터를 '자비와 선의'의 행성으로, '국민'을 상징하는 행성으로 말한 이유이다.

금성은 하늘에서 아름답게 보인다. 그래서 고대 점성가들은 금성

그림 4.3 고대 점성가들은 머큐리 신을 마법의 날개가 달린 발을 가지고 메신저의 역할을 하는 신으로 그렸다. 그리하여 오늘날에도 여전히 재빠른 배달꾼의 상징으로 남아 있다. 현대의 점성가들은 여전히 이런 고대 미신을 따르고 있어서 빠른 메신저 역할을 하는 머큐리 신이 수성으로 하여금 지구상의 교통과 상업에 영향을 미치는 것으로 가정하고 있다. (Florists' Transworld Delivery의 상표)

을 여신으로 상상하였고, 이 여신은 인간에게 아름다움, 사랑, 그리고 여성스러움을 상징하게 되었다.

지금 우리는 수성이 태양에서 제일 가까운 행성이라는 것을 알고 있다. 그런 이유로 수성은 다른 어떤 행성보다 더 빨리 움직이는 것처럼 보인다. 이런 빠른 움직임은 고대 점성가들로 하여금 머큐리를 젊고 민첩한 신으로 상상하게끔 만들었다. 그것이 바로 머큐리 신이 종종 날개 달린 발을 가지고 다른 신에게 메신저의 역할을 하는 모습으로 비쳐지는 이유이다(그림 4.3).

수성의 빠른 움직임에 대한 과장된 유비를 통해, 고대 점성가들은 머큐리 신을 교통, 통신, 사업, 상업 등을 관장하는 신으로 간주했다. 오늘날 점성가들의 생각도 마찬가지다.

토성은 우리 눈에 보이는 행성 중에서 가장 느리게 움직이는 행성이다. 그래서 '황혼기를 가져오는' 혹은 '신선미가 없는' 것으로 여겨졌다. 이런 특성은 점성가들로 하여금 다가오는 죽음을 연상하게 하였다. 그래서 세속적인 일에 미치는 토성의 영향은 주로 자비로운 것이라기보다는 해로운 것으로 여겨졌다.

고대 신에 대한 이런 모든 미신적이고 특이한 힘은 동화식 사고방식의 한 예이다. 이것은 우리가 실제로 세상에서 관찰하는 것과는 거의 관계가 없다. 그러나 그것이 바로 오늘날 점성가들이 생각하는 방식이다. 이러한 생각을 토대로 그들이 만들어낸 예측이 사실일 수 있는 가능성이 있을까?

그런 동화식 사고방식과 극단적인 과장된 유비를 일삼는 점성가들은 진실이 무엇인지를 정말로 알지 못하는 것 같다. 그들은 무엇이든 간에 자신들이 진실이라고 상상하는 것은 실제로 그렇다고 믿는 것 같다.

점성가들이 그런 동화식 사고방식으로 한 예측을 사람들은 왜 믿을까?

왜 사람들은 점성술을 믿을까

오늘날 하늘을 연구하는 과학자, 곧 천문학자들이 별자리와 행성에 대한 옛 이름—허구인 신화에서 비롯된—을 그대로 쓰는 것은 불행한 일이다. 그로 인해 천문학에 대해 거의 알지 못하는 사람들은 별자리에 대한 신화적인 이름이 '과학적'이라고 잘못 생각한다. 이것은 점성술 역시 '과학적'인 것처럼 보이게 만든다.

지난 몇 세기 동안 세 개의 새로운 행성이 발견되었다. 천문학자들은 계속해서 그것들에게 고대 신의 이름을 본떠 이름을 붙이는—천왕성(하늘의 신 우라누스에서 따와 Uranus), 해왕성(바다의 신 넵튠에서 따와 Neptune), 명왕성(지옥의 신 플루토에서 따와 Pluto)—실수를 저질렀다. 점성가들은 고대 점성가들이 그랬던 것처럼 그 새로운 행성과 이름에 신화적인 새로운 힘을 열광적으로 부여하였다. 퀴글리의 책에는 어떻게 동화식 사고방식이 단 하나의 증거도 없이 그녀로 하여금 이 새로운 행성들이 인간사에 놀랄 만한 여러 영향을 미치는 것으로 규정하게 만들었는지에 대해 잘 나와 있다.

> 해왕성에 의해 일어나는 사기 · 소문 · 약물 남용과 천왕성에 의해 일어나는 운명적이고도 갑작스러운 성공과 붕괴 등을 설명할 수 없을 때, 이전의 점성가들은 분명 당황했을 것이다. 1900년대 초에 일어난

> 하늘을 날게 한 비행이라는 기적은 쌍둥이자리(Gemini)에 함께 있는 해왕성과 명왕성 때문이었고, 무엇보다 독특한 20세기 현상인 매스컴은 명왕성의 지배에 의한 것이다.

이런 논리를 따라, 해왕성과 명왕성 그리고 쌍둥이자리가 진짜로 위와 같은 일을 했다면, 왜 우리는 비행기를 발명한 영예를 라이트 형제에게 바칠까? 해왕성이 진짜로 위와 같은 일이 일어나도록 만들었다면 왜 마약 중개인, 거짓말쟁이, 소문을 내는 사람들을 비난할까? 그리고 매스컴—신문, 텔레비전 등—에 뭔가 문제가 생기면, 왜 명왕성을 비난하지 않을까?

불행하게도 매일 발간되는 1000여 종의 신문은 독자들에게 별 의미 없는 별자리 운세가 고대 미신과 동화식 사고방식을 토대로 하고 있다는 것을 말하지 않고 있다. 많은 사람들, 특히 어린이들은 책에서 읽은 모든 것을 그대로 믿는다. 그래서 우리는 그렇게 많은 사람들이 점성학에 관한 고대 미신을 믿는 것에 그리 놀랄 필요가 없는 것이다.

⁂

제1부에서 우리는 미신의 본질을 살펴보았다. 미신은 사실을 무시한 동화식 사고방식에 근거하고 있음을 우리는 알았다.

이 책의 남은 부—제2부—에서 우리는 세상에 관한 사실들을 알게 하고 지식과 능력을 성장시키는 강력한 과학적 사고방식을 살펴보려 한다.

많은 물건들과 함께 과학적 지식들이 세상으로 나온다. 그에 따라 해로운 부작용도 생긴다. 그 결과 오늘날 주요한 과제는, 모든 사람들이 이 세상을 살아가면서 직면하는 많은 문제를 해결하는 데 이런 강력한 사고방식을 어떻게 사용할 것인지를 배우는 것이다.

5장에서 우리는 '새로운 사실은 어떻게 발견되는가?'라는 중요한 질문에 대한 해답을 알아볼 것이다.

2부

과학적 사고방식

How Do You Know It's True?

05

새로운 사실의 발견

미신이나 동화식 사고방식보다는 실제 사실을 우선으로 여기는 위대한 사상가들은 항상 있어왔다. 우리는 그들을 '과학자'라고 부른다. 그러나 과학적 사고방식이 널리 받아들여진 것은 거의 지난 500년 사이이다. 그 결과 오늘날 우리는 이전보다 훨씬 빨리 우리의 주위 환경에 관한 새롭고 중요한 사실을 발견할 수 있었다.

이제부터 여러분은 과학적 사고방식이 어떻게 발달해왔는지, 그리고 어떻게 그것이 우리의 세상을 변화시켜 왔는지 살펴보게 될 것이다. 그러나 그 전에 먼저 이 장에서 과학적 사고방식이 미신이나 동화식 사고방식과 어떻게 다른지, 그리고 우리가 지식을 늘려가는 데 그 과학적 사고방식을 어떻게 사용할 것인지를 살펴보기로 하자.

돌덩이가 우주 밖에서 지구로 떨어질 수 있을까

1803년 이전에는 돌덩이가 하늘에서 떨어질 수 있다는 생각은 극히 어리석은 생각으로 보였다. 돌덩이가 어디에서 온단 말인가? 구름 위에 누군가가 돌을 쌓아두고 앉아 있다가 밑으로 던진다는 것인가? 불가능한 일이다.

돌이 하늘에서 땅으로 떨어져 커다란 충돌을 일으켰다는 보고가 종종 있었다. 그러나 1803년에는 전화도 없고 라디오도 없었으며, 자동차도 없고 비행기도 없었다. 그러므로 멀리서 들려온 대략적인 보고를 자세히 조사해본다는 것은 매우 어려웠다. 뿐만 아니라 돌이 하늘 위에서 실제로 떨어졌다는 것을 본 확실한 관찰자로부터의 보고도 없었다. 그런 생각은 상상에서 나온 것이라고 여겨졌다.

그런데 1803년 8월 26일, 프랑스의 레이글(Laigle)이라는 마을에 사는 대부분의 사람들이 하늘에서 아주 빠르게 지나가는 밝은 빛줄기를 보았다. 그들은 쿵 하고 뭔가가 충돌하는 소리를 들었다. 그들은 곧 마을 근처에 갑자기 새로 생긴, 크기가 서로 다른 분화구 모양의 많은 구덩이를 발견하였다. 각 분화구에는 사람들이 보았다는 돌이 있었다. 그 돌들은 그 근처에서 발견되는 돌들과는 아주 달랐다.

믿기 어려웠지만 레이글 마을 사람들은 돌들이 하늘에서 땅으로 쏟아져 내렸다고 확신하였다.

다른 곳에 사는 사람들은 이런 믿기 어려운 보고에 대해 부정적인 반응을 보였다. 그러나 레이글 마을의 많은 사람들이 보고한 것을 그렇게 쉽게 무시해버릴 수는 없었다. 그래서 과학자로 급히 이루어진 한 팀이 레이글 마을로 가서 조사를 하였다. 그곳에서 그들은 3000개가량 되는 분화구 모양의 새로 생긴 구덩이를 관찰하였다. 각 구덩이에는 낯선 모양의 돌들이 있었다. 많은 사람들의 관찰을 근거로 한 강력한 증거를 가지고 과학자들은 정말로 하늘 위에서 돌들이 빠른 속도로 쏟아져 내렸다고 결론을 내렸다.

도대체 그 돌들은 어디에서 왔을까? 유일하게 그럴듯한 설명은 이런 돌들이 우주 밖에서 지구로 떨어졌을 거라는 추측이었다.

과학자들이 관찰한 내용과 함께 어떻게 이런 일이 일어났는지에 대해 의견을 제시한 보고서는 신문과 과학 잡지 등을 통해 세상에 널리 퍼졌다.

처음에는 돌들이 우주 밖에서 지구로 떨어졌다는 생각에 대해 많은 과학자들은 그것을 단지 '가정'으로 여겼다. 가정이란 증거를 토대로 만들어진, 가능한 사실에 대한 그럴듯한 추측을 말한다. 그런 놀랍고도 새로운 가정은 과학자들로 하여금 심각하게 그것을 고려해보도록 자극하였다. 그리하여 많은 과학자들이 그 가정에 맞거나 반하는 증거를 찾기 시작했다.

우리의 지식은 어떻게 늘어날까

돌들이 우주 밖에서 지구로 떨어진 이 발견은 천문학이라는 새로운 지식 영역에 문을 열어주었다. 천문학은 이처럼 새로운 것들이 많이 발견됨에 따라 매우 급속도로 발전하였다. 1803년의 레이글 마을 사건 이후 축적된 지식은 오늘날 과학자들이 지구, 태양, 달, 행성, 그리고 모든 별들이 수십억 년 전에 어떻게 형성되었는지를 보여주는데 중요한 역할을 하고 있다.

모든 지식은 주의 깊은 관찰을 토대로 만들어진다.

예를 들어 돌들이 땅으로 떨어지기 전에, 이 지역에서 수백 킬로미터 떨어져 사는 사람들은 종종 밝게 빛나는 '불덩이'가 빠른 속도로 하늘을 지나가는 것을 관찰하였다. 이 관찰은 그 돌들이 아주 높은 곳에 있었고, 엄청난 속도로 비행하였다는 것을 알려주었다.

천문학자들은 그 불덩이가 있었던 높이와 움직인 속도를 측정할 수 있는 도구들을 가지고 있다. 돌들은 초속 약 16킬로미터의 속도로 움직인다는 것이 발견되었다. 그리고 약 80킬로미터 높이에서 빛을 내기 시작한다는 것도 발견되었다.

그렇게 떨어지는 돌들은 별똥별(유성)과 비슷하기 때문에 별똥돌(운석)이라고 부른다. 이제 우리는 별똥별과 별똥돌 사이의 주요한 차이는 크기라는 것을 알고 있다. 별똥별은 아주 작다. 대부분의 별똥별들은 먼지 알갱이 크기이다. 별똥별이 엄청난 속도로 지구로 떨어지면 공기와의 마찰열이 생긴다. 그래서 그 작은 물질이 타면서 잠시 동안 빛을 내는 것이다.

별똥별은 맑고 달이 없는 밤에 도시의 불빛이 없는 먼 외딴곳에서나 볼 수 있다. 그 재빠른 불빛은 대개 겨우 몇 초 정도 지속된다. 먼지 알갱이보다 크면 클수록(아마도 모래알 정도) 그 불빛은 더 오래, 그리고 더 밝게 빛날 것이다.

사진은 천문학자들에게 가장 중요한 도움 자료다. 왜냐하면 사진은 순간적인 관찰을 포착하기 때문이다. 그림 5.1은 사진이 얼마나 유용한지를 잘 보여준다. 카메라 렌즈를 몇 시간 동안 열어놓고 있다가 우연히 별똥별이 북쪽 하늘로 빛을 내며 지나가는 순간에 찍은 사진이다. 지구가 자전하기 때문에 밝게 빛나는 별들이 둥근 줄무늬를 만들어냈다. 그래서 그 별들이 북극 주위를 돌고 있는 것처럼 보

그림 5.1 북쪽 하늘의 이 사진은 여러 시간 동안 카메라 렌즈를 열어놓고 찍은 것이다. 돌고 있는 호(弧)는 지구의 자전에 따른 북쪽 하늘의 별들의 움직임을 선명하게 보여주고 있다. 직선의 불빛은 렌즈가 열려 있는 동안 하늘을 가로질러 빛을 내고 지나가는 별똥별의 흔적이다. (사진: W. Lockyer, Lockyer Observatory, 영국)

인다.

별똥별이 장소에 따라 넓어졌다 좁아졌다 하는 것은, 별똥별이 빠른 속도로 공기와 충돌하면서 생긴 열 때문에 별똥별의 일부가 타면서 깨지기 때문이다.

떨어진 직후에 바로 조사할 수 있을 만큼 과학자가 사는 곳 가까이 떨어진 별똥돌도 있었다. 새로이 떨어진 별똥돌의 표면은 공기와의 마찰 때문에 아주 뜨거운 것으로 관찰되었다. 그러나 그 돌을 깨어보면 안쪽은 아주 차갑다는 것을 발견하였다. 왜냐하면 별똥돌은 오랫동안 아주 차가운 우주에 있었기 때문이다.

박물관에 있는 일부 별똥돌들은 엄청나게 크다. 그림 5.2의 별똥돌은 그림 5.3의 분화구를 만든 거대한 별똥돌의 한 조각일 뿐이다.

자이언트 별똥돌

레이글 마을 사건 이후 지구로 떨어진 별똥돌 중에서 가장 큰 것은 1908년의 어느 날 아침에 러시아 시베리아의 한 작은 마을에 떨어진 돌이다. 많은 사람들이 거대한 불덩이가 하늘을 가로질러 가는 것을 보았다. 그리고 멀리서 진동하는 천둥소리를 들었다. 그것은 1000킬로미터나 떨어진 곳에서 나는 충돌 소리였다.

그 충격은 어마어마해서 충돌이 일어난 곳으로부터 약 160킬로미터나 떨어져 있던 사람들과 말이 바람에 날려갔다. 그리고 그들 중 일부는 뭔가에 부딪혀 의식을 잃기도 했다. 강에서는 엄청난 파도가 일었다. 대낮에 그 충돌이 일어난 곳으로부터 약 400킬로미터 떨어져

그림 5.2 사진 속 남자의 손은 별똥돌의 크기를 짐작하게 해주고 있다. 이것은 그림 5.3에 있는 애리조나 북부 지역의 거대한 분화구를 만든 것과 같은 시기에 지구에 떨어진 많은 별똥돌 중 하나이다. 표면의 울퉁불퉁한 자국은 별똥돌이 아주 높은 속도로 떨어져 내리다 공기와 부딪치면서 돌의 외부 표면이 녹아 부서져 생긴 것이다. (Meteor Crater Enterprises)

살고 있던 사람들은 약 20킬로미터 높이로 불길이 분출되는 것을 보았다. 지구상의 모든 지진 측정기들은 지진이 생겼다고 보고하였다.

그 돌이 떨어져 사람이 죽었다고 알려진 도시나 마을은 없었다. 그러나 충돌이 일어난 중심으로부터 가까운 곳에서 이 일을 겪은 사람들은 아마도 살아남지 못해 이에 대해 말하지 못했을지도 모른다.

별똥돌이 떨어진 장소가 너무 외따로 떨어져 있어서 과학자들은 19년이 지나서야 겨우 비행기로부터 그곳을 발견할 수 있었다. 반경 40킬로미터 내에 있는 지역들은 완전히 황폐해졌다. 거의 모든 나무들은 쓰러졌고, 믿기지 않을 만큼의 강력한 바람에 쓸려나갔다.

하늘에서 내려다보면 200여 개의 분화구가 관찰되었다. 비행기에서 보이지 않는 것들이 분명 수없이 많았을 것이다.

무엇이 지구와 충돌했든지 간에 그것은 분명 엄청나게 큰, 아마도 커다란 배만큼 큰 것이었다. 그것은 땅에 도달하기 전에 폭발하여 많은 조각으로 부서진 것 같았다. 그 폭발은 냉동된 가스가 갑작스럽게 가열되어 끓으면서 일어났을 것이다. 지금 우리는 혜성(살별)이 암석, 얼음, 냉동 가스 등으로 구성되어 있다는 것을 알고 있다. 태양 주위의 궤도에 있는 많은 혜성들 중 하나가 지구와 충돌하여 1908년 시베리아 지역을 황폐화시켰을 것이다.

우리는 별똥돌 때문에 죽었다는 사람에 대해 알지 못한다. 그러나 자칫 그럴 뻔한 일은 있었다. 1946년 아프리카 동부의 케냐를 덮쳤던 별똥돌 우박이 약 100킬로미터 지역 내에 있던 많은 집들을 완전히 납작하게 쓰러뜨렸다. 한 마을은 불이 났고 많은 가축들이 죽었다. 하지만 다행히도 그 사고로 죽은 사람은 없었다.

먼 과거에 일어난 일을, 심지어 아무도 그 일을 관찰하지 않은 일을 알 수 있을까? 그렇다. 우리의 놀라운 머리와 논리적으로 추리할 수 있는 능력을 사용하면 가능하다. 탐정처럼 과학자들은 아마도 일어났을 것으로 보이는 일을 알아내기 위한 실마리를 찾아낸다. 우리는 현재 관찰할 수 있는 것으로부터 과거에 일어났을 법한 사건에 관해 자세한 것을 추론(증거로부터 결론을 이끌어내는 것)할 수 있다.

먼 과거에 아주 큰 별똥돌이 지구에 떨어졌다는 아주 강력한 증거가 있다. 우리는 지구에서 충돌에 의해 생긴 많은 '분화구'를 발견한다. 그 분화구들은 크기가 매우 다양한데, 직경이 수 킬로미터나 되는 것도 있다. 그림 5.3은 미국 애리조나에 있는 그런 분화구의 하나이다. 이것은 직경이 약 1.6킬로미터쯤 되고 깊이는 60층짜리 빌딩보다 깊다. 비행기에서 찍은 사진에 보이는 작은 길과 크기를 비교해보라.

자기측정법(물체의 자기량을 측정하는 것)으로 우리는 종종 별똥돌에서 발견되는 많은 양의 철이 분화구 밑에 놓여 있는 것을 알 수 있다. 그 증거는 수년 전 이 분화구가 거대한 별똥돌의 충돌로 인해 생겨났다는 것을 말해준다.

지질학자들은 암석의 나이를 밝히는 여러 가지 방법을 알고 있다.

그림 5.3 직경 약 1.6킬로미터의 이 분화구는 1만 2000년 전 거대한 암석의 충돌에 의해 만들어졌다. 이 별똥돌의 큰 덩어리는 땅에 묻혔으나 수많은 작은 조각들은 근처에 흩어져 있다. (Arizona Office of Tourism)

관찰과 측정으로 그들은 이 분화구가 약 1만 2000년 전에 형성된 것으로 추측한다.

인공위성에서 찍은 지도나 사진에 나타난 커다란 둥근 지형을 살펴봄으로써, 충돌로 인해 생긴 다른 큰 분화구들을 많이 발견할 수 있다. 이들 대부분은 수백만 년 전에 형성되어 오랜 시간 동안 침식(비, 바람, 강, 빙하 등에 의해 깎여나가는 것)되어온 것으로 보인다.

태양계의 별똥돌

먼 과거에 일어난 일에 관한 다른 증거는 행성이나 위성 표면을 커

그림 5.4 달의 표면에는 크기가 서로 다른 수천 개의 분화구가 있다. 이들은 먼 옛날 거대한 별똥돌의 충돌로 인해 생겼다.

다란 망원경으로 관찰함으로써 얻을 수 있다. 많은 '충돌에 의한 분화구'가 지구의 달에서(그림 5.4), 수성에서(그림 5.5), 그리고 다른 행성 주위를 돌고 있는 대부분의 달에서 발견되고 있다. 이런 분화구의 일부가 서로 겹쳐서 발견되는 것은 그것들이 서로 다른 시간에 일어났음을 가르쳐준다.

우주의 암석에 대한 또 다른 증거들은 소행성이라 불리는 많은 '작

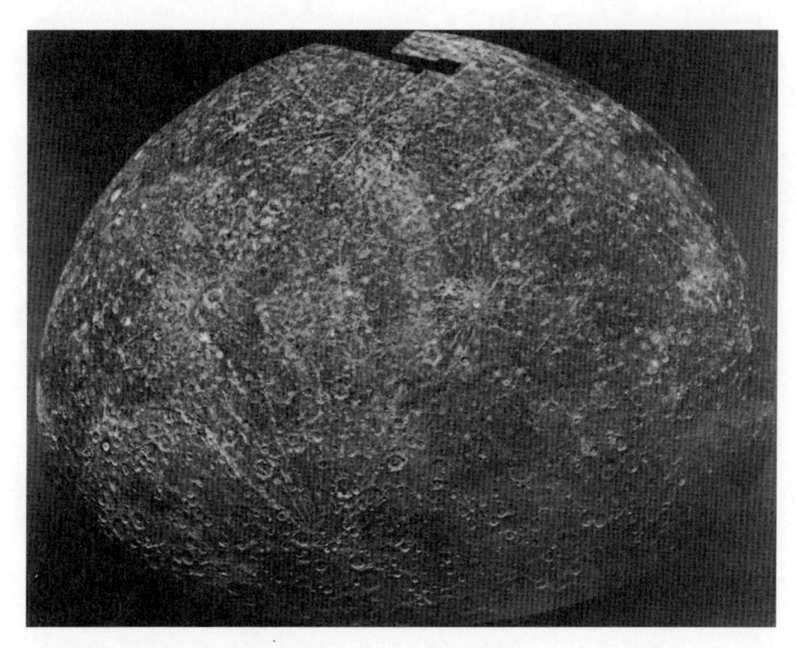

그림 5.5 매리너 10호가 수성을 지나가며 찍은 수많은 사진을 한데 연결하여 만든 이 사진은 달의 것과 비슷한 많은 분화구를 보여주고 있다. (National Aeronautics and Space Administration)

은 행성'의 발견으로부터 얻을 수 있다. 소행성은 태양 주위를 궤도를 그리며 돌고 있다. 소행성은 크기가 다양해서 가장 큰 세레스는 지름이 약 1450킬로미터나 된다. 그리고 작게는 1.6킬로미터 정도 되는 것도 있는데 그 모양은 일정하지 않다. 크기가 너무 작아 우리가 갖고 있는 가장 좋은 망원경으로도 볼 수 없는 것이 분명 많이 있을 것이다.

다양한 크기의 우주 암석에 대한 더 많은 증거는 1984년에 토성을

그림 5.6 토성의 테두리는 서로 크기가 다른 엄청난 양의 먼지와 암석, 표석 등으로 구성되어 있다. 이것들은 모두 이 행성 주위를 돌고 있다. (National Aeronautics and Space Administration)

향해 날아간 우주선 보이저 2호에서 얻었다. 과학자들은 무선 신호가 토성의 테두리를 지나 지구로 전달되는지를 실험할 계획이었다(그림 5.6). 이 무선 신호가 약해지는 방식을 관찰함으로써 천문학자들은 토성 주위의 궤도를 따라 돌고 있는 테두리가 아마도 먼지, 암석, 그리고 다양한 크기의 많은 돌 조각들로 구성되어 있음을 추론할 수 있었다.

우주 물질의 성질에 대한 다른 증거들은 76년의 주기로 우주 저 멀리에서 태양으로 접근하는 핼리혜성을 연구하기 위해 1986년 러시아에서 쏘아 올린 우주 탐사선으로부터 나왔다. 근접 사진은 핼리혜성이 땅콩 모양으로 가로 길이가 약 12킬로미터라는 것을 밝혀냈다.

증기와 먼지의 밝은 무리가 혜성의 머리 부분에서 나와 길게 늘어진다. 이것이 바로 밝은 혜성의 꼬리를 형성하는 것이다. 이 꼬리는 항상 태양으로부터 멀어지려고 한다(즉 혜성이 태양에 가까워지면 이 꼬리가 혜성의 뒤쪽으로 처지고, 혜성이 태양에서 멀어질 때는 꼬리가 혜성의 앞쪽에 있게 된다). 과학자들은 빛이 물체에 부딪히면서 그 물체에 약간의 압력을 가한다는 것을 실험실에서 발견하였다. 우주 밖에서 혜성의 먼지와 가스에 미치는 태양빛의 압력은 먼지와 가스를 태양과 멀어지는 방향으로 밀어낸다.

그림 5.7은 1910년에 나타났던 핼리혜성에서 나온 가스와 먼지의 밝고 멋진 '꼬리'이다. 그것은 길이가 수백만 킬로미터로 추정되며, 하늘 전체 호의 6분의 1을 뻗치고 지나가는 정말 놀라운 장관이었다.

천문학자들은 이런 것과 다른 여러 가지 관찰을 통해 혜성은 주로 암석으로 이루어졌으며, 아마도 그 암석들은 얼음과 냉동 가스, 그리고 먼지 등으로 느슨하게 모여 이루어져 있다고 결론내렸다.

혜성에서 떨어져 나온 먼지와 기체, 그리고 작은 돌 조각들은 태양의 궤도에서 벗어난다. 그것들 중 일부는 결국 행성이나 달, 혹은 우리 지구와도 충돌할 수 있다. 그러면 우리는 그것들이 별똥별로서

그림 5.7 1910년 핼리혜성은 가스와 먼지로 구성된, 길이가 1억 6000만 킬로미터가 넘는 거대한 꼬리를 만들었다. 이 꼬리는 하늘의 6분의 1을 늘어져 지나갔다. 1986년 핼리혜성이 다시 돌아왔을 때, 지구에서 올려 보낸 우주 탐사선은 땅콩처럼 생긴 핼리혜성의 '머리' 부분이 약 13킬로미터의 길이에다 암석과 냉동 가스로 구성되어 있음을 밝혀냈다. (Mount Wilson Observatories, Carnegie Institute of Washington)

빛을 내며 하늘을 지나가는 것을, 혹은 별똥돌로 땅에 떨어지는 것을 보게 된다.

또한 지구에 부딪힌 먼지와 가스의 일부는 태양계가 시작될 때부터 태양을 돌고 있었던 것 같다.

과학자들은 별똥별에서 나온 많은 먼지 조각들이 대기 중에 떠돌아다니고 있다는 것을 밝혀냈다. 뿐만 아니라 바다 밑 진흙에 깊이 묻혀 있는 그런 조각들이 발견되고 있다. 이것은 아마도 태양계가 시작되면서부터 아주 오랫동안 우주로부터 먼지 입자의 비가 지구에 쏟아졌음을 보여준다.

이런 모든 증거로 볼 때, 태양계에는 엄청나게 많은 물체 조각들이 있는 것이 분명하다. 행성, 달, 소행성, 혜성, 표석(漂石), 그리고 크고 작은 암석들이 있다. 크기가 모래알만 한 물체와 먼지 입자 같은 물체들이 엄청나게 많다. 또한 많은 종류의 가스 원자와 분자들도 있다.

이것은 우주가 혼잡하다는 것을 의미하지는 않는다. 태양계는 너무 광대해서 돌과 모래 크기의 입자들이 우리의 유인 우주선과 충돌할 가능성은 극히 작다. 아주 빠른 속도(초속 수 킬로미터)로 떠도는 모래알만 한 물질들의 충격은 우주선에 손상을 입혀 그 안에 있는 우주비행사의 목숨을 앗아갈 수 있다. 다행히 그런 일은 아직까지 일어나지 않았다. 그러나 그것은 항상 위험한 일이다.

지구에 있는 우리는 약 80킬로미터 정도 되는 두꺼운 대기층에 의해 그런 위험으로부터 안전하게 보호받고 있다. 두꺼운 대기층은 우주에서 날아오는 거대한 암석을 제외하고는 모든 것을 막아준다.

끝없이 성장하고 있는 지식

1803년 레이글 마을 근처에 떨어진 돌의 관찰은 천문학자들로 하여금 우리 지구와 태양계에 대해 더욱 깊이 이해하도록 만들었다. 또한 그것은 수십억 년 전에 일어났던 일에 대한 중요한 정보를 제공하였다.

오늘날, 관찰을 토대로 한 그런 정보들은 태양계가 45억 년 전에 어떻게 형성되었는지에 관한 이론 정립에 중요한 역할을 한다. 천문학자들은 태양계가 우주 공간에 있는 엄청난 가스와 먼지로 된 구름으로부터 시작되었다는 믿을 만한 증거를 가지고 있다. 가스와 먼지 구름은 중력에 의해 서로 뭉쳐졌다. 우리가 살고 있는 이 지구는 아마도 이런 식으로 먼지와 암석으로 형성되어 그 부피가 점점 더 커졌을 것이다. 1803년 레이글 마을 사건 이후 별똥별과 별똥돌에 관해 모아진 지식은 이 가설을 뒷받침해주는 중요한 증거가 되었다.

우리는 별똥돌에 관한 지식의 역사 속에서 과학이 어떻게 성장해 가고 있는지에 대한 한 예, 즉 증명된 사실에 다시 또 다른 사실을 더해가는 방법의 한 예를 보고 있다. 하나의 새로운 사실의 발견은 종종 또 다른 사실의 발견을 낳는다. 경험과 지식의 이러한 축적은 수많은 현대 과학자들로 하여금 이 세상에서 계속해서 일어나는 문제를 풀어나갈 능력을 키워준다.

이런 과학적 사고방식은 공학, 제조, 기계 등에 널리 적용되고 있다. 그것은 점차 경제학, 사회과학, 정치학에도 적용되고 있다.

오늘날 우리는 정보시대로 접어들었다. 정보시대에서 지식은 힘이 된다. 과학적 사고방식을 사용할 줄 아는 사람들, 그래서 새로운 정보를 얻어 그것을 적절히 사용할 줄 아는 사람들은 새로운 발명을 하고, 우리 시대의 어려운 문제를 해결할 수 있을 것이다.

그러나 10장에서 논의하겠지만, 지식의 사용은 잘못된 결과를 낳을 수도 있다. 우리 시대의 커다란 문제 중 하나는 우리의 지식을 현명하게 사용하여 더 낳은 세상을 만들어내는 방법을 찾는 것이다. 아마 여러분도 이런 중요한 임무에 일조를 하리라 믿는다.

과학적 사고방식에서 중요한 생각

1. 사실은 정확하고 신중하게 조사되고, 많은 사람들에 의해 검증된 관찰에 기초해야 한다. 이러한 것들이 과학적 사고를 미신에 근거를 둔 동화식 사고방식보다 우수하게 만드는 중요한 생각이다.
2. 과학자들은 자신들이 알고 있는 사실들을 더욱 확실히 하기 위해 논리적 추리뿐 아니라 상상력도 사용한다. 그들은 가설(우리의 관찰에 대한 가능한 설명으로서의 합리적 추측)을 만든다. 그러나 이러한 가설은 아주 강력한 증거에 의해 뒷받침될 때까지는 사실이라고 여겨지지 않는다.
3. 가설을 시험할 수 있는 새로운 관찰을 얻기 위해 실험이 종종 계획된다.
4. 과학자들은 새로운 생각에 대해 열린 마음을 가지고 있다. 그러

나 그 생각들을 짧은 시간 내에 사실로 받아들이는 데는 상당히 회의적이다. 역사는 사람들이 한때 절대적으로 옳다고 생각했던 사실과 이론이 후에 잘못된 것으로 나타난 예들로 가득 차 있다.

과학적 사고방식은 우리 주변의 여러 사실들을 단순히 수집하는 것 이상이다. 지난 500년 동안 과학적 사고방식은 정부가 하는 일을 포함하여 많은 것에 대해 사람들이 생각하는 방법에 강한 영향을 주었다.

또한 과학은 미국과 세계 여러 나라의 민주주의 확립에 중요한 역할을 해왔다. 그런 일이 어떻게 일어났는지는 다음 장에서 논의하겠다.

06

과학과 생각의 자유

타임머신을 타고 2000년 전으로 거슬러 올라가서, 그 시대의 천문학자와 함께 하늘에 있는 태양을 관찰하고 있다고 상상해보자. 새벽에 동쪽 하늘에서 태양이 나타나 점심때까지 점점 높이 올라가는 것을 보게 된다. 그리고 다시 오후가 되면서 태양은 점점 아래로 내려오다 저녁이 되면 서쪽으로 지는 것처럼 보인다.

고대의 천문학자 친구가 말한다. “나는 이런 광경을 수년 동안 보아왔어요. 이런 관찰로 보면 태양은 항상 동쪽 하늘에서 서쪽 하늘로 움직이는 것이 분명해요. 엄청난 힘을 가진 누군가가 태양을 움직이고 있는 것이 틀림없어요. 오직 신만이 그런 일을 할 수 있지요. 우리는 그 신이 태양을 관장하고 있는 아폴로라고 믿고 있습니다. 어떤 사람들은 아폴로 신이 마법의 전차를 가지고 태양을 잡아당긴다고 말하지만, 나는 그건 잘 모르겠어요. 어쨌든 내가 아는 건 아폴로 신이 그 일을 일어나게 했다는 것입니다. 그것은 나에게 문제될 게 없어요. 그걸 걱정하느라 잠을 못 이루거나 하지는 않는답니다."

이 설명은 여러분을 당황하게 만든다. 왜냐하면 여러분은 학교에서 그것이 사실이 아니라고 배웠기 때문이다. 그래서 다음과 같이 말한다. "당신과 생각이 달라서 미안하지만, 어떤 신도 태양을 잡아당기고 있지 않아요. 태양은 단지 떴다 졌다 하는 것처럼 보일 뿐입니다. 실제로 우리는 하루에 한 번 축을 중심으로 돌고 있는 거대하고 둥근 공 모양의 지구 위에서 살고 있습니다. 지구의 자전은 우리에게 태양이 돌고 있다는(실제로는 그렇지 않은데) 착각을 하게 만듭니다. 이것은 마치 회전목마를 타고 있으면 모든 것이 우리 주위를 돌고 있는 것처럼 보이는 것과 같은 이치지요. 실제로는 우리가 지구와 함께 돌고 있습니다."

그 천문학자는 여러분을 한참 동안 쳐다보고 말한다. "아주 영리한 이론이군요. 그러나 당신과 나는 태양이 아침에 동쪽 하늘에서 올라오는 것을 보았어요. 우리는 그 태양이 하루 내내 하늘을 가로

질러 움직여 다시 저녁이 되면 지평선 아래로 내려가는 것을 바라보았습니다. 당신이 실제로 본 것을 의심하고 있습니까? 게다가 우리는 지구가 엄청나게 크다는 것을 알고 있습니다. 우리가 알고 있는 지구의 부분만도 여기에서 모든 방향으로 수천 킬로미터입니다. 당신이 말한 대로 지구가 하루에 한 번 돈다면, 그 큰 회전을 마치기 위해 지금 이 순간에도 지구의 표면은 엄청난 속도로 움직이고 있어야 합니다. 아마도 시속 약 1600킬로미터로 돌아야만 할 겁니다. 우리는 그 불가능할 정도의 빠른 움직임을 느끼지 못하고 있어요. 그러니 당신의 이론은 분명 잘못된 것이지요."

이것은 여러분을 난처하게 만든다. 왜냐하면 여러분은 그에 대해 한 번도 생각해본 적이 없기 때문이다. 자, 이제 여러분은 이 엄청난 속도에 관심을 갖게 된다. 여러분이 시속 약 1600킬로미터의 그 움직임을 느끼지 않는다는 것은 이상해 보인다.

그 천문학자는 계속해서 말한다. "더욱이 지구가 둥글다는 생각은 말도 안 됩니다. 저기 있는 호수가 보이지요? 그 호수가 완전히 평평해 보이지 않나요? 보세요. 내가 그림(그림 6.1)을 하나 그려볼게요. 여기에(A) 물이 있는 바다가 있습니다. 만약 지구가 둥글다면, 지구 위의 모든 물은 높은 곳에서 아래 방향으로 흘러내려 지구의 옆면으로 떨어질 것입니다. 그리고 그 물은 하데스(그리스 신화에 나오는 지하세계)로 흘러가든 어디론가 사라져야 하지요. 그러나 우리

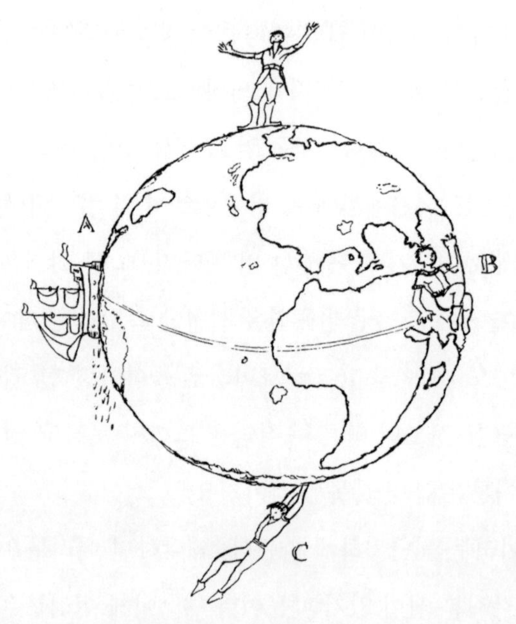

그림 6.1 옛날 사람들이 지구가 둥글다는 것을 불가능하게 생각한 것은 타당하였다. 어떻게 사람과 물, 그리고 배들이 하데스로 미끄러져 떨어져 가는 것을 막을 수 있단 말인가? 아주 불가사의한 힘인 '중력'이 모든 물체를 지구 중심으로 잡아당기고 있다는 것을 증명하기란 매우 어려웠다. (그림: Albert Sarney)

는 호수나 바다에서 그렇게 움직여 없어지는 물을 본 적이 없지요. 그것은 당신의 이론이 틀리다는 것을 증명하고 있습니다. 그리고 여기에 지구 위를 여기저기 걸어 다니는 사람이 있습니다. 그 사람이 B에 도달하면 그는 그냥 미끄러져 떨어질 것입니다. 아마도 그 역시 하데스로 가겠지요. 지구 아래쪽(C)에 있는 이 가련한 사람은 어떨까요? 그 사람은 얼마 동안 매달려 있을 수 있을까요?"

여러분의 눈은 의기양양하게 빛날 것이다. "아니지요. 중력이 지구 가운데로 모든 사람들을 잡아당길 겁니다. 그래서 물, 사람들, 그리고 그 외 모든 것들이 떨어지지 않도록 지켜줄 겁니다."

"중력이라고요? ……그가 누군데요? 어떻게 그가 그런 일을 한단 말입니까?"

그러면 여러분은 대답한다. "중력은 사람이 아닙니다. 중력은 모든 것을 지구 중심을 향해 잡아당기는, 보이지 않는 힘입니다."

그 천문학자는 여러분이 상당히 어리석다는 듯한 말투로 대답한다. "신인지, 아니면 중력 씨(氏)인지 어떻게 그가 그 같은 일을 한단 말입니까? 밧줄을 사용하여 사람들을 잡아당기나요? 당신은 당신을 잡아당기고 있는 밧줄이 보입니까? 아니면 느껴집니까? 약 3미터 두께의 돌을 놓고 그 위에 내가 올라선다고 해봅시다. 중력 씨가 나를 잡아당기려고 무슨 짓을 하든 그 두꺼운 돌에 방해받지 않겠습니까? 그러면 나는 더 가볍다는 느낌이 들까요? 혹시 공기 중에 둥둥 뜨지는 않을까요? 당신은 내가 그 뭐냐 잡아당기는 힘, 그러니까 어떤 것에도 방해받지 않고 그 단단한 돌을 통과하는 중력이란 것을 믿으란 말인가요?"

이쯤 되면 여러분은 자전하고 있는 둥근 지구에 존재하는 중력에 관한 이론, 즉 학교에서 배운 이 이론을 여러분 자신이 완전히 이해하지 못하고 있다는 생각이 들 것이다. 여러분은 학교에서 이 이론을 깊이 생각하지 않고 받아들였다. 이것은 어린이들이 아무런 모순을 발견하지 못한 채 산타클로스 이야기를 받아들이는 방식을 상기시킨다.

그 천문학자와의 대화는 옛사람들이 지구는 평평하고 움직이지 않는다고 생각했다 해서 그들이 그렇게 어리석지 않았음을 깨닫게 해준다. 또한 만약 여러분이 오래전에 살았다면, 여러분 역시 누군가가 지금 보고 느끼는 것이 정말로는 그렇지 않다고 주장할 때 그를 약간 미쳤다고 생각했을 것이다.

지구를 날아다니는 비행기나 인공위성이 없던 옛날에, 지구가 둥글다는 것과 지구가 태양 주위를 돌고 있다는 것을 증명하는 것은 아주 어려웠다. 그것이 바로 태양계의 진실을 발견하는 데 아주 오랜 시간이 걸린 이유이고, 그것이 사실이라는 것을 대부분의 사람들이 확신하는 데 수세기가 걸린 이유이다.

오늘날에는 지구가 공과 같다는 것을 증명하기란 쉽다. 그냥 우주에 있는 인공위성에서 찍은 둥근 모양의 지구 사진을 보면 된다. 많은 비행기들이 서쪽으로, 동쪽으로 계속해서 세상 여기저기를 여행하고 있다. 우리가 점심때 지구 반대편에 있는 인도로 전화를 하면, 우리는 거기가 한밤중이라는 것을 알 수 있다. 그런 관찰은 지구가 둥글다는 것을 증명한다.

지금까지 지구와 행성들이 태양 주위를 돌고 있다는 것을 증명하는 가장 좋은 증거는, 천문학자들이 지구와 행성들과 관계된 사건에 관해 예측한 놀라우리만큼 정확한 관찰에서 비롯되었다. 그들은 지구, 달, 행성의 궤도를 아주 정확하게 측정한다. 또한 앞으로 일어날 일식과 월식의 날짜와 장소를 정확하게 예측하고 그런 현상이 얼마 동안 지속될 것인지도 예측한다. 이러한 예측은 1초도 빗나가지 않는다.

우리는 우주선을 달이나 다른 행성에 보낸다. 그 우주선들은 태양, 지구, 달, 그리고 다른 행성들의 중력을 고려하여 정확한 계산을 하지 않고는 만들어지지 않을 것이다. 예를 들어 1977년 과학자들은 12년을 여행하며 수억 킬로미터 떨어져 있는 목성, 토성, 천왕성, 그리고 해왕성을 지나갈 보이저 2호를 쏘아 올렸다. 보이저 2호는 계획대로 각 행성 근처를 지나 12년 전에 과학자들이 예측했던 시간에서 4분 일찍 여행의 마지막 행성인 해왕성에 도달했다.

이것은 중력과 운동에 관해 우리가 알고 있는 사실과 이론이 진짜라는 아주 강력한 증거이다.

지구가 움직인다는 위험한 생각

1492년 콜럼버스는 아메리카를 향해 항해했다. 그리고 새로운 대륙을 발견하였다. 많은 사람들이 걱정했던 것처럼 그의 배는 평평한 지구의 가장자리로 떨어지지 않았다. 이 사실은 지구가 평평하다는 이론에 의문을 제기하였다.

그리고 마젤란은 서쪽을 향해 항해하여 지구를 완전히 한 바퀴 돌았다. 오직 한 방향으로 항해를 하여 배가 처음 출발하였던 그 자리로 돌아왔다는 사실은 관찰을 토대로 한, 지구가 둥글다는 이론의 강력한 증거였다.

폴란드의 과학자 니콜라스 코페르니쿠스(Nicholas Copernicus)가 지구는 태양 주위를 돌고 있다는 이론을 제안했을 때, 이 생각은 증명하기가 너무 힘들었고 받아들이기도 어려웠다.

또한 과학자들 자신이 그것을 진짜라고 믿고 있다고 공표하는 것은 더욱 위험한 일이었다. 왜냐하면 당시 유럽에서 지구가 평평하고 움직이지 않는다는 생각은 종교적 믿음의 아주 중요한 부분을 차지하고 있었기 때문이다. 사람들은 신이 단지 자신들의 편익을 위해 우주의 중심으로 지구를 창조하였다고 확고하게 믿고 있었다.

코페르니쿠스 이론은 태양계의 중심을 태양으로 옮겨놓았다. 그럼으로써 다른 행성들은 지구와 동등하게 되었다. 왜냐하면 그 행성들 모두 가장 중심인 태양 주위의 궤도를 따라 회전하기 때문이다. 지구는 더 이상 우주의 중심이 아니었다.

코페르니쿠스는 자신의 이론이 당시의 종교적 믿음과는 반대된다는 것을 알고 있었다. 그래서 그것을 발표한다는 것은 이단, 즉 종교적 믿음이 다른 이교도로 여겨져 화형에 처해질 거라는 것도 알고 있었다. 그런 이유로 그는 자신의 이론 발표를 미루었고, 그 이론을 적은 책은 그가 죽은 후 1543년에야 비로소 발표되었다.

그의 책을 읽은 학자들은 그의 이론에 관심을 가졌고, 그것에 관한 토론이 일기 시작하였다. 당시 종교적 지도자들은 그런 토론을 저지하고자 했다. 1593년 지오르다노 브루노(Giordano Bruno)는 코페르니쿠스 이론을 지지하는 책을 써서 감옥에 갇혔다. 그는 무시무시한 종교재판에 의해 이단으로 여겨져 1600년에 화형에 처해졌다.

브루노의 '위험한' 생각의 하나는 당시에 일반적으로 믿고 있었던 것처럼 별들이 지구 주위를 돌고 있는 고정된 돔(둥근 천장)에 있는 것이 아니라는 것이었다. 별들은 각각 별개로 빛을 내는 물체로서 모든 방향의 우주 저 멀리에 퍼져 있다고 생각하였다. 오늘날 우리는 이 생각이 사실이라는 것을 알고 있다. 그렇게 브루노는 옳은 생각을 가지고 있었다는 이유로 사형을 당한 것이었다.

브루노의 처형은 다른 사람들로 하여금 더 이상의 토론을 단념시켰고, 더욱 조심하게 만들었다. 그러나 그것은 과학자들이 계속해서 하늘을 관찰하는 것을 막을 수는 없었다.

브루노가 죽은 지 9년이 지난 1609년, 이탈리아의 과학자 갈릴레오 갈릴레이(Galileo Galilei)는 네덜란드의 발명품인 망원경에 대한 소식을 들었다. 그는 곧장 렌즈를 조립해 자신만의 망원경을 만들었고, 이것을 하늘에 있는 태양, 달, 다른 행성들, 그리고 별들을 관찰하는 데 사용하였다. 태양, 달, 행성, 별들의 이미지를 크게 확대함으로써 망원경은 아무도 볼 수 없었던 것들을 자세하게 볼 수 있게 해주었다. 이것은 당시 어느 누구도 상상할 수조차 없었던 놀라운 우주의 시각을 열어주었다.

갈릴레오의 망원경이 밝혀준 것

사람들은 처음으로 달에 있는 선명하지 않았던 여러 자국들이 정말로 산, 계곡, 평평한 평야, 그리고 거대한 분화구라는 것을 볼 수 있었다. 갈릴레오는 산의 그림자로부터 그 산의 높이를 측정하기도 하였다. 사람들은 달의 표면이 지구의 표면과 비슷하다는 것을 관찰할 수 있었다.

갈릴레오의 망원경은 또한 태양의 어두운 흑점이 매일 서서히 돌고 있다는 것을 밝혀냈다(그림 6.2). 만약에 태양과 같은 거대한 물체가 축을 중심으로 돌 수 있다면, 코페르니쿠스가 주장하였듯이 지구도 그렇게 돌 수 있지 않을까?

갈릴레오는 금성이 종종 초승달 모양으로 나타나는 것을 보고 놀랐다(그림 6.3). 이러한 모양은 달이나 행성이 지구보다 태양에 더 가

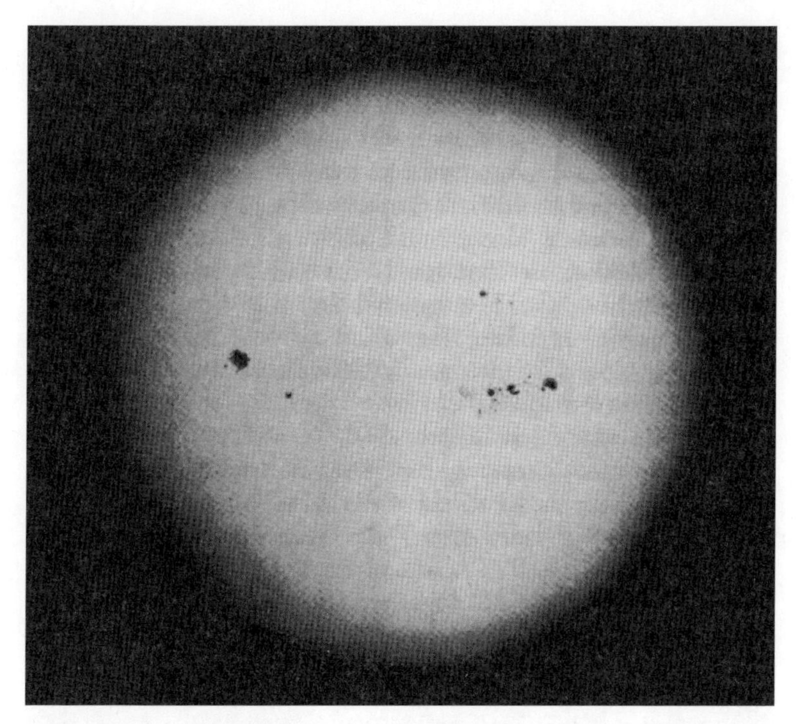

그림 6.2 갈릴레오는 '태양의 흑점'이 매일 움직인다는 것을 관찰하여 태양이 축을 중심으로 돌고 있음을 밝혔다. 태양이 돈다면 지구도 돌 수 있지 않을까? (U. S. Naval Observatory)

까이 있을 때만 관찰할 수 있다. 그때가 바로 둥근 모양의 대부분이 어둡게 보이는 때이다. 즉 그때 우리는 초승달처럼 빛을 내는 좁은 부분만을 보게 된다. 이런 관찰은 금성의 궤도가 지구의 궤도보다 태양에 더 가깝다는 코페르니쿠스의 예측을 확인해주는 것이다.

갈릴레오는 목성을 원반 모양으로 관찰하였다. 또한 목성 근처에 4개의 작은 별이 있는 것 같다고 하였다. 그리고 이 4개의 작은 '별'

그림 6.3 만약 행성이 태양에서 조금 떨어져 우리 앞에 위치해 있다면, 우리는 행성의 어두운 면만을 볼 수 있다. 따라서 코페르니쿠스가 예측했듯이, 금성의 초승달 모양은 금성이 지구보다 태양에 더 가까이 있다는 것을 보여주고 있다. (Mount Wilson and Palomar Observatory)

그림 6.4 목성 주위에 있는 4개의 작은 달(이 그림의 왼쪽 윗부분에 2개, 오른쪽 아랫부분에 2개)을 주시해보자. 그 4개의 달은 목성을 둘러싸고 있는 구름 띠에 의해 표시되는 목성의 적도와 거의 일직선상으로 배열되어 있다. 이 달과 목성의 관계는 작은 태양계와 아주 비슷하다. (Lick Observatory, University of California at Santa Cruz)

은 모두 목성과 거의 일직선상에 있는 것으로 보았다(그림 6.4).

놀랍게도 다음날 밤, 그 4개의 작은 '별'들이 모두 위치가 바뀌어 있는 것을 보았다. 이것은 당시에 놀라운 관찰이었다. 왜냐하면 그 어떤 별도 하늘에서 자신의 위치를 옮겨가는 것이 전에는 관찰되지 않았기 때문이다. 사람들은 하늘을 고정된 돔으로 상상했었다. 그런데 '별'들이 움직인 것이다.

갈릴레오는 밤마다 이 작은 '별'들이 움직이는 위치를 나타내는 도표를 조심스럽게 그려나갔다. 그는 곧 자신이 별이 아닌 목성 주위를 돌고 있는 달을 관찰하고 있다는 것을 알게 되었다. 그는 각 달이 목성을 완전히 회전하는 데 걸리는 시간을 측정하였다. 태양을 회전하는 행성과 마찬가지로, 목성에서 가장 멀리 있는 달은 천천히 움직여 완전히 목성을 회전하는 데 걸리는 시간이 가장 길었다.

많은 사람들에게 이것은 코페르니쿠스 이론에 대한 가장 믿을 만한 증거가 되었다. 사람들은 마치 행성들이 태양 주위를 회전하듯, 달들이 목성 주위를 실제로 회전하고 있는 태양계의 작은 모델을 관찰할 수 있었다.

갈릴레오의 망원경은 또한 맨눈으로 볼 수 있는 별의 약 10배에 달하는 별을 보여주었다. 그는 은하수가 하늘의 다른 어떤 부분보다 더 많은 별들로 운집되어 있다는 것을 관찰하였다(그림 6.5). 이 관찰은 별들이 지구 주위를 감싸고 있는 돔에 붙어 있는 것이 아니라, 무수한 별들이 우주에 넓게 펼쳐져 있다는 브루노의 생각을 뒷받침해 주는 강력한 증거였다.

닫힌 마음속에 있는 낡은 생각은 쉽게 사라지지 않는다. 당시 종교계는 그 낡은 생각들이 잘못된 것임을 증명하는 이런 강력한 증거를 받아들이기를 거부하였다. 그들은 갈릴레오에게 코페르니쿠스와 브루노의 생각에 찬성하는 글을 쓴다거나 말하는 것을 금지하였다.

갈릴레오는 수년을 기다렸다. 그러나 1632년, 결국 그는 태양계에

그림 6.5 은하수의 일부분을 망원경으로 본 이 광경은 맨눈으로는 관찰할 수 없는 많은 것들, 특히 엄청나게 많은 별들을 보여주고 있다. 우주에 있는 암흑성운의 존재에 대한 증거가 보이는가? (Yerkes Observatory, University of Chicago)

관한 책을 발표하였다. 이단이라는 죄명에 대한 처벌을 피하기 위해 그는 책을 코페르니쿠스 이론에 찬성하는 사람과 반대하는 사람 간의 '대화'로 써서 그의 견해를 감추려고 노력하였다.

그러나 그 어느 누구도 바보가 아니었다. 태양을 돌고 있는 지구에 관한 주장이 돌고 있지 않은 지구보다 너무 확신에 차 있어, 모든 사람들은 갈릴레오가 코페르니쿠스 이론을 정말로 믿고 있다고 생각했다.

브루노와 마찬가지로 갈릴레오는 이단으로 몰려 재판을 받았다.

종교재판은 그를 유죄로 판결하였고, 그는 평생 동안 감옥에 갇혀 지냈다. 아마도 과학자로서의 그의 명성 때문에 그나마 사형을 모면했는지도 모른다.

갈릴레오는 열린 마음을 가지고 자기가 실제로 관찰한 사실로부터 논리적인 결론을 내렸다. 관찰을 근거로 한 사실도 종교재판에는 아무런 의미가 없었다. 그들에게는 누구라도 자신들이 사실이라고 믿는 것에 도전하는 생각을 퍼뜨리는 것을 중지시키는 것이 가장 중요하였다. 그들은 만약 자신들의 믿음을 반박하는 내용의 사실이라면, 그 사실은 반드시 잘못된 것이라고 여겼다. 그들은 과학적인 사실이 무엇인지에 대한 개념이 정말로 없었다.

그러나 갈릴레오에 대한 이런 박해도 그의 생각이 전 세계로 빠르게 퍼져나가는 것을 저지하지는 못했다. 갈릴레오의 뛰어난 발명품인 망원경 덕분에 많은 나라의 과학자들은 계속해서 관찰을 수집하고 결론을 이끌어갔다. 마침내 코페르니쿠스가 생각했던 태양계는 날로 늘어만 가는 증거에 힘입어 오늘날 증명된 사실로서 확립되었다.

오래된 옛 생각은 많은 것들이 사실이다. 그래서 젊은 사람들이 그것을 배우고 다시 가르치는 것은 중요하다. 그러나 새로운 생각으로 인해 브루노와 갈릴레오를 박해한 사건으로부터 우리가 배운 큰 교훈은 옛 생각 중에는 잘못된 것도 있다는 사실이다.

새롭게 관찰된 사실이 기존의 생각과 반대된다는 것이 발견되면, 우리는 그것을 열린 마음으로 바라보아야 한다. 우리는 새로운 생각이 사실인지 아닌지 적절한 판단을 내리기 전에 더 많은 증거를 찾아내야 한다.

사실 수집을 위해 사용되는 도구들

1609년 갈릴레오의 망원경은 오늘날의 세계를 가능하게 만든, 처음 사용된 현대식 도구의 하나였다. 그 망원경은 우주와 그 안에 존재하는 지구에 대한 우리의 시각을 넓혀주었다.

갈릴레오가 사용했던 망원경보다 훨씬 정밀한 현대식 망원경은 우리로 하여금 더 먼 우주에 있는 많은 물체를 관찰할 수 있게 해주고 있다. 그리하여 우주에는 수십억 개의 은하가 있고, 각 은하에는 수십억 개의 별들이 존재한다는 것을 알고 있다(그림 6.6).

우주에는 가스와 먼지로 된 엄청나게 큰 구름이 있다(이를 '성운'이라 한다). 점점 많은 증거들이 이런 구름 속에서 새로운 별이 생성되고 있음을 보여주고 있다. '분광기'라고 불리는 색을 측정하는 기구를 이용하여 우리는 오래전에 폭발하여 우주 공간으로 가스를 퍼붓고 있는 별 속에서 어떤 일이 일어나고 있는지를 분석할 수 있다

그림 6.6 현대의 망원경은 모양과 크기가 다른 수십억 개의 은하가 있음을 보여준다. 이 소용돌이 모양의 은하는 수천억 개의 별들로 구성되어 있다. (Mount Palomar Observatory, California Institute of Technology)

(그림 6.7). 우리는 우주가 팽창하고 있다는 것과 그 팽창이 아마도 150~200억 년 전에 '빅뱅'(우주를 탄생시킨 대폭발)과 함께 시작되었다는 것도 보여줄 수 있다.

지난 100년 동안 사진의 발달은 과학에서 아주 유용하게 이용되었다. 왜냐하면 사진은 우리가 어느 순간 관찰한 것의 이미지를 영원히 기록하기 때문이다. 그러면 과학자들은 그런 관찰을 오랫동안 신중하게 연구할 수 있다.

갈릴레오는 두 개의 렌즈로 망원경을 만들 당시, 다른 방법으로

그림 6.7 천문학자들은 이 사진의 성운이 수천 년 전에 별이 폭발하여 생성되었다는 증거를 가지고 있다. (Mount Wilson and Palomar Observatory)

현미경도 만들었다. 그는 이 새로 만든 현미경으로 그리 많은 것을 하지는 않았지만, 작은 것들의 세상을 자세히 살펴보려는 다른 사람들에 의해 유용하게 이용되었다.

이 새로운 도구는 주로 생물학에서 새로운 정보의 발견을 이루었다. 과학자들은 곧 작은 세포들이 모든 생물체를 구성하고 있다는 것을 발견하였다. 그들은 그런 세포들이 식물이나 동물의 모든 부분에 존재하며, 각각의 세포가 서로 다른 역할을 맡아 전체 유기체를 잘 돌아가게 한다는 것을 발견하였다.

과학자들은 또한 작은 단세포 식물과 동물도 발견하였다. 그들이 이런 작은 생물체가 지독한 질병을 일으킨다는 것을 보여주는 데는 200년이 더 걸렸다. 이러한 발견으로 우리는 많은 질병 치료 방법과 평균수명을 배로 늘리는 법을 배웠다.

오늘날 수많은 종류의 새로운 도구들은 우리로 하여금 길이, 무게, 질량, 힘, 시간, 압력, 속도, 전류, 자기력, 빛, 색깔 등 많은 것들을 정확하게 관찰하고 측정할 수 있도록 해주고 있다. 또한 여러 도구들이 엑스선, 적외선, 자외선, 전자파 같은 보이지 않는 방사선의 관찰을 가능하게 만들었다.

이런 도구들은 현대 과학자들에게 갈릴레오 시대에는 상상도 할 수 없었던 관찰에 입각한 막대한 양의 정보를 제공하고 있다. 공학자들은 오늘날의 엄청난 산업을 만들어내는 데 이런 지식을 이용하였고, 의사들은 질병 치료와 예방에 이 지식을 이용하여 생명을 연장시켰다.

또한 특별한 측정 도구는 복잡한 기계 내부에서 일어나는 일을 알아내기 위해 우리의 감각을 도와주는 데도 중요하다. 자동차 계기판에는 이런 도구 중에서 겨우 몇 가지 정도만 있을 뿐이다. 비행기 조종사는 이보다 훨씬 많은 도구를 가지고 있어 각 엔진의 온도, 날개 위의 압력, 비행기의 속력, 비행 방향, 연료량 등 아주 중요한 정보를 제공받고 있다. 조종사는 기내의 조종실에 앉아서도 기체의 먼 부분에서 뭔가 잘못되어가고 있는 것을 즉시 판별할 수도 있다. 그리고 대개는 사고를 예방하기 위해 그 기계들을 조작한다.

새로운 사고방식

과학은 중요한 사실을 알려주고 이로 인해 가능해진 많은 발명을 가능케 할 뿐 아니라 우리에게 더 나은 사고방식을 가르쳐준다.

브루노, 갈릴레오, 그리고 그 외의 많은 사람들이 종교재판의 잔인하고도 낡은 사상 통제를 헤쳐 나가기 위해 치른 희생은 헛되지 않았다. 그들은 힘을 가진 권력자들이 주장하는 사실이 아주 잘못된 것일 수도 있다는 것을 세상에 보여주었다.

또한 과학자들은 무지를 추방하는 데 한몫해왔다. 우리는 사람들의 마음이 미신에 물들어 있을 때 무지가 어떤 끔찍한 일을 저지를 수 있는지를 세일럼의 마녀재판에서 보았다.

미국 헌법을 만들 때, 그리고 1789년 권리장전을 쓸 때, 미국 건국의 아버지들은 이런 교훈을 아주 잘 알고 있었다. 그들은 기본법에 생각의 자유, 언론의 자유, 종교의 자유, 그리고 민주적 권리 등을 추가했다. 이러한 생각은 전 세계의 이상이 되었다.

생각의 자유는 모든 사람들이 무엇이 참이고 무엇이 거짓인지를 잘 알고 있다는 것을 보장하는 것이 아니다. 모든 사람들은 자신의 의견으로 인해 권력자들에게 처벌을 받지 않고, 자신의 의견을 다른 사람들에게 알릴 수 있는 권리를 가지고 있다. 또한 우리에게는 사실이 무엇인지를 알아내야 하는 책임도 있다. 그것이 바로 과학의 방법이 역할을 발휘하기 시작하는 곳이다. 과학의 방법은 우리에게 무엇이 참이고 무엇이 거짓인지를 밝혀내는 데 중요한 지침을 제공한다.

과학적 사고방식을 배우는 가장 좋은 방법은 그것을 실제로 사용하는 것이다. 이것은 복잡하고 값비싼 장비가 필요하지 않다. 예를 들어 만약 동전의 앞면이 나올지, 뒷면이 나올지 알기 위해 몇 개의 동전을 던져본다고 하자. 여기서 여러분은 무엇을 배울 수 있을까?

다음 두 장에서 여러분은 동전을 던져 하는 몇몇 간단한 실험을 통해 아주 놀라운 결과를 볼 것이다. 그 실험들은 아주 흔치 않은 사건이 사람들에게 일어날 수 있음을 어떻게 예측할 수 있는지를 이해하는 데 도움이 될 것이다. 그리고 그런 실험들로 인해 현재 보험회사의 기본이 되고 있는 여러 가지 사실들이 발견되고 있다.

07

이론의 개발: 확률

장난으로 동전을 던지다가, 앞면이 나올 확률과 뒷면이 나올 확률이 정말로 50-50인지 갑자기 궁금해질 때가 있다. 동전을 던진 수의 절반이 정말 앞면이고 나머지 절반은 정말 뒷면일까?

대부분의 실제 문제들이 그렇듯, 동전을 던지는 얼마간의 관찰로부터 여러분에게 어떤 문제가 제기된다.

이 문제를 풀기 위해서는 얼마간의 상상력이 필요하다. 개나 고양이는 결코 상상을 할 수 없다. 그러나 우리 인간은 생각을 갖고 놀며 깊이 사고할 수 있는 특별한 능력이 있다.

논리적으로 추리할 수 있는 여러분의 강력한 능력은 서서히 활동하기 시작한다. 여러분은 동전의 양쪽 면을 검사해본다. 양면은 그림을 제외하고는 아주 똑같아 보인다. 그래서 추리력을 통해 동전의 앞면과 뒷면이 똑같이 나올 것이라 생각하게 되고, 동전을 던진 수의 절반이 앞면 혹은 뒷면이 나올 것이라는 가설(일어남직한 사실에 대한 논리적인 추측)을 세운다.

이 가설은 아직 사실이 아니라 여전히 시험되어야만 하는 일어남직한 사실일 뿐이다. 많은 가설들이 잘못된 것으로 밝혀진다. 그래서 여러분의 가설은 사실 확립의 시작이라고 보면 된다.

과학에서 가설을 시험하는 중요한 방법은 실험을 해보는 것이다. 동전을 던지는 실험은 인생에서 일어나는 대부분의 상황보다는 훨씬 쉽다. 그냥 여러 번 동전을 던지고 어떤 면이 나오는가를 관찰하면 된다. 그것은 아무것도 문제될 게 없어 보인다. 그러나 실제로 동전을 던질 때 일어나는 일을 주목해보라.

먼저, 동전을 10번 던지는 것으로 시작한다고 가정해보자. 여러분의 가설은 10번을 던질 경우, 10번의 절반인 5번은 앞면, 나머지 5번은 뒷면이 나온다고 예측한다. 과연 그것이 사실일까? 그것을 알아내기 위한 방법은 그것을 직접 해보고 그 결과를 관찰하는 것이다. 즉 동전을 10번 던져보는 것이다.

한번 해보자. 그런데 앞면이 3번, 뒷면이 7번 관찰되면 실망을 하게 된다. 여러분은 각각 5번씩을 기대했었다. 그러면 이것이 곧 여러분의 가설이 잘못되었음을 의미하는가? 아니다. 포기하기에는 너무 이르다.

계속해서 동전을 10번 더 던진다. 이번에는 앞면이 6번, 뒷면이 4번이 나온 것을 관찰하게 된다. 그런데 문제가 발생하였다. 무엇이 문제인가? 앞면이 10번 중 3번이 나온 첫 시도? 아니면 10번 중 6번이 나온 두 번째 시도?

아! 창의력이 풍부한 머릿속에서 새로운 생각이 떠오른다. 여러분의 신비로운 직감이 작용하여 유익한 새로운 생각이 생긴다. 아무래도 동전을 10번이나 20번 던지는 것은 동전의 앞면이 얼마나 자주 나오는가를 알기 위한 좋은 정보를 얻기에는 너무 부족하다. 그래서 그 두 번의 시도 결과를 합하기로 결정한다.

이제 여러분은 10+10, 즉 20번을 던진 것이 된다. 여러분의 가설이 옳다면 앞면이 10번, 뒷면이 10번이 나와야 한다. 앞변이 나온 횟수는 첫 번째가 3번, 두 번째가 6번으로 총 20번을 던져서 9번이 나왔다. 5번을 예상하며 던져서 10번 중에 3번이 나온 것보다 약간 더 나은 편이다. 그러나 여전히 예상했던 10번은 아니다.

동전 던지기 횟수를 늘려야겠다는 생각은 새로운 가설이다. 동전을 던지는 횟수가 늘어나면 늘어날수록 던진 횟수의 절반은 앞면이 나오기가 더 쉬울 것이다.

여러분의 마음은 즉시 가설을 시험하기 위해 동전을 여러 번 던져야 한다는 생각을 받아들인다. 그리고 앞면과 뒷면이 나오는 숫자를 세면서 관찰한 것을 신중하게 기록하기로 결정한다.

아주 흥미로운 일이 일어난다. 여기에서 첫 번째 가설에 새로운 가설을 덧붙이는 것은 확률 이론의 시작이다. 이론이란 어떤 일이 자연 속에서 어떻게 일어나는가를 설명하는 규칙을 모아놓은 것이다. 지금 여러분은 자연의 아주 작은 측면에 관한 이론을 개발하고 있는 중이다. '동전을 던지면 무슨 일이 일어날까?'라는.

동전을 50번, 100번, 혹은 200번 던짐으로써 그 가설을 테스트해 보자. 앞면(혹은 뒷면)이 나온 확률이 1/2인가?

이 실험은 많은 사람들에 의해 이루어져, 동전 던지는 횟수가 많으면 많을수록 앞면이 나올 확률은 1/2이 될 가능성이 더욱 높아진다. 그래서 우리는 앞면이 나올 가능성은 절반이라는 것을 사실로 간주한다. 이 사실은 관찰에 근거한 것이다.

이론의 가치

실험을 해서 무슨 일이 일어나는지를 관찰할 때, 여러분의 상상은 머릿속에서 새로운 생각이 떠오르게 만들 것이다. 한 번에 1개의 동전을 던지는 첫 번째 실험은 새로운 관찰 방식을 떠오르게 할 것이다.

갑자기 궁금해진다. 만약 한 번에 2개의 동전을 던지면 무슨 일이 일어날까? 두 동전 모두가 앞면이 나올 가능성은 1/2일까? 아니면 1/3? 1/4? 아니면 또 다른 수?

한 번에 2개 말고 3개면 어떨까? 4개면? 10개면? 아니, 20개면 어떨까? 이렇게 100번을 던질 경우, 모든 동전이 앞면 혹은 뒷면이 나오는 경우는 몇 번이나 될까? 혹은 반은 앞면, 반은 뒷면이 나올 경우는? 아니면 다른 조합은 어떨까?

이 장의 뒷부분은 우리에게 여러 가지 방법으로 동전을 던졌을 경우의 기대 결과를 예측하는 방법을 가르쳐주는 '확률 이론'에 대해 설명하고 있다. 혹은 동전의 경우만이 아니다. 그것은 사고, 화재, 사망, 카드 게임 결과, 원자와 분자의 움직임, 화학 반응, 핵폭발, 여론조사 등의 기대 수치를 예측하는 데도 적용된다는 것을 알게 된다.

이런 이론에 대한 지식은 보험회사의 기본이 된다. 그리고 모든 과학에도 중요하다. 그러므로 동전 던지기라는 실험으로부터 여러분은 확률이라는 중요한 주제에 대해 배우게 될 것이다.

다른 사람들이 발견했던 것을 이해하기 위해, 이 장의 나머지 부분을 읽기 전에 가능한 한 동전 던지기와 같은 실험을 계속해서 직접 해보자. 그러면 여러분 스스로 이론 개발에 필요한 실제적인 경험을 얻게 될 것이다. 또한 이론이라는 것이 대체적으로 어떻게 개발되는지도 알게 될 것이다.

물리학 · 화학 · 생물학 · 천문학 · 지질학 등의 순수과학, 그리고 공학 · 건축학 · 의학과 같은 실용과학에는 많은 이론들이 있다. 경제학, 교육학, 정치학 등의 다른 지식 영역에도 이론들은 존재한다.

우주가 어떻게 시작되었는지, 태양계가 어떻게 생성되었는지, 대륙이 어떻게 움직이고 있는지, 생물체는 시간이 흐름에 따라 어떻게 변하고 진화하는지, 전쟁은 어떻게 시작되는지, 평화는 어떻게 달성되는지, 경기 침체는 어떻게 시작되고 어떻게 끝이 나는지, 어린이들을 어떻게 교육해야 하는지 등에 관한 이론이 있다.

이런 이론들은 새로운 지식을 얻는 주요한 방법이다. 왜냐하면 많은 이론들은 시험과 실험을 요구하기 때문이다. 또한 시험과 실험은 새로운 가설을 만들기도 한다. 즉 이론은 새로운 가설, 시험, 실험, 관찰, 추리 등을 통해서 만들어진다.

확률 이론

과학과 수학에서 확률이라는 말은 어떤 일이 일어날 것 같은 가능도를 나타내는 데 사용된다. 예를 들어 동전 1개를 100번 던져서 앞면이 50번 나온 것을 관찰했다면, 관찰된 확률은 50을 100으로 나누면 된다. 즉 1/2 혹은 0.5이다.

만약 1만 가구가 사는 어떤 도시에서 1년 동안 폭풍으로 지붕이 훼손된 경우가 100번이었다고 하자. 1년간 지붕 훼손이 일어난 관찰된 확률을 알려면 100을 10000으로 나누면 된다. 즉 100/10000, 1/100 혹은 0.01이다. 대부분의 사람들은 이 확률을 '100 중에 1'로 설명할 것이다.

한 번에 2개의 동전을 던졌다고 가정하자. 2개의 동전 모두가 동시에 앞면이 나올 확률을 예측하기 위해 추리력을 사용해보자. 확률이 얼마일지에 대한 가설을 만들어보자.

2개의 동전은 각각 독립적으로 떨어진다. 하나가 떨어질 때, 그 동전은 다른 동전에 영향을 주지 않는다. 이것은 2개의 동전을 동시에 던졌을 경우, 어떤 일이 일어날지를 예측하는 데 중요한 요인이다.

그림 7.1의 도표는 우리에게 어떤 일이 일어날지를 분석하는 방법을 가르쳐준다. 첫 번째 줄이 보여주고 있듯이 '첫 번째 동전'에 일어나는 경우를 보자. 두 가지 결과만이 가능하다. 앞면(H) 혹은 뒷면(T).

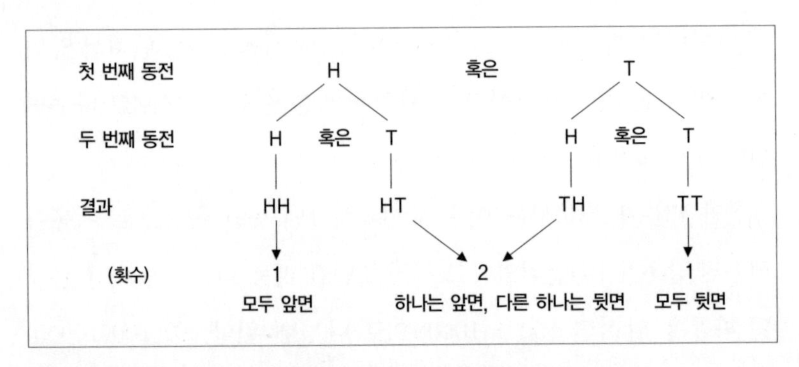

그림 7.1 2개의 동전을 동시에 던졌을 경우에 일어나는 모든 가능한 결과.

'두 번째 동전'을 표시한 두 번째 줄은 첫 번째 동전의 각 경우(H 혹은 T)에 대해 두 번째 동전이 떨어질 수 있는 모든 방법을 보여주고 있다. '결과'라고 표시한 줄은 2개의 동전을 동시에 던졌을 때 앞면이나 뒷면으로 떨어질 수 있는 모든 방법을 보여주고 있다.

네 가지 결과가 가능하다. HH, HT, TH, TT. 각각의 결과는 일어날 가능성이 똑같다. 이 네 가지 결과 중에 동전 2개가 모두 앞면인 결과(HH)만이 우리가 원하는 '성공적인' 결과로 본다면, 2개의 앞면이 나올 확률은 1/4 혹은 0.25, 즉 4번 중 1번이라는 것을 알 수 있다.

2개의 동전을 100번 던지면 우리는 1/4×100, 즉 동전 2개가 모두 앞면이 나올 경우는 25번으로 예측할 수 있다.

동전 2개를 동시에 100번 던져보자. 동전 2개가 모두 앞면이 나온 경우가 정확하게 25번인가? 이것이 확률이 0.25라는 가설을 확인하기에 충분한가? 정확한 답을 얻기 위해서는 2개의 동전을 얼마나 많이 던져야 할까?

동전 던지기 횟수를 늘리기에 좋은 방법 하나는 학급 친구 모두가 이 실험을 하는 것이다. 그리고 학급 전체의 총계를 얻기 위해 모든 관찰을 합한다. 여러분의 '관찰된 확률'은 그림 7.1에서 예측한 것과 얼마나 근접해 있는가?

그림 7.1은 우리에게 2개의 동전을 동시에 던졌을 때 나올 각 결과에 대한 확률을 예측하는 방법을 가르쳐주고 있다. 예를 들어 2개의 동전이 모두 뒷면이 나올 확률은 얼마인가? 그림 7.1을 보면 2개의 동전이 모두 뒷면이 나오는 경우는 네 가지 결과 중에서 하나(TT)이다. 그래서 확률은 1을 4로 나눈 1/4 혹은 0.25이다.

이것은 앞에서 설명한 동전 2개가 모두 앞면이 나올 확률과 같다. 그것은 이해가 간다. 왜냐하면 동전의 양쪽 면은 동전에 새겨져 있는 그림에 약간의 차이가 있기는 하지만 실제로 똑같기 때문이다. 그러므로 두 동전 모두 뒷면이 나올 가능성은 모두 앞면이 나올 가능성과 같다.

그럼 하나는 앞면, 다른 하나는 뒷면이 나올 확률은 얼마인가? 2개의 동전을 동시에 던지고 난 후 두 동전을 살펴보면, 어떤 동전이 먼저 떨어지든 상관이 없다. 두 동전 모두 '하나는 앞면, 다른 하나는 뒷면'이다. 그림 7.1에는 하나는 앞면, 다른 하나는 뒷면이 나올 경우는 네 가지 결과 중 두 가지(HT와 TH)가 있다. 그러므로 확률은 2/4, 즉 1/2 혹은 0.5이다.

둘 다 모두 앞면이 나올 확률이 1/4이라는 것을 더 빨리 계산하는 방법이 있다. 각 동전이 앞면이 나올 각각의 확률(1/2)을 곱하는 것이다. 그러므로 2개의 동전이 모두 앞면이 나올 확률은 1/2×1/2, 즉 1/4이다. 이것은 그림 7.1에서 얻은 값과 똑같다.

이것은 왜 그럴까? 첫 번째 동전을 던지면 절반의 경우가 앞면이고, 그 다음에 던진 두 번째 동전 역시 앞면이 나올 때만 두 동전 모두가 앞면이 나오는 것이다. 그러므로 두 동전 모두가 앞면이 나올 경우의 수는 1/2의 1/2이다. 즉 1/2×1/2=1/4이다.

이 모든 것이 이론이다. 그러나 그 이론이 정말 사실일까? 이것을 알아보는 방법은 이 예측을 실험으로 검사해보는 것이다. 여러분은 무엇을 알게 되었는가?

이런 정보를 가지고 여러분은 2개 이상의 동전을 던졌을 때의 많은 문제를 나름대로 풀어나갈 수 있다.

한꺼번에 여러 개의 동전을 던졌을 경우의 확률

다음의 문제들을 풀어보자. 가능하다면 여러분의 예측이 옳은지를 알아보기 위해 실험으로 답을 검사해보자. 각 문제에 대한 해답은 이 장의 끝부분에 있다. 먼저 스스로 답을 찾을 때까지 엿보지 말자.

그림 7.1에 있는 도표는 2개의 동전이 떨어질 수 있는 모든 방법을 보여주고 있다. 필요하다면 다음 문제에 대해 비슷한 도표를 만들 수 있다.

1. 3개의 동전을 한꺼번에 100번 던질 때,
   a. 3개의 동전이 모두 앞면이 나올 경우는 몇 번일까?
   b. 동전 2개는 앞면, 1개는 뒷면이 나올 경우는 몇 번일까?(힌트: 그림 7.1처럼 3개의 동전에 대한 도표를 그린다.)

2. 4개의 동전을 한꺼번에 100번 던질 때,
   a. 4개의 동전이 모두 앞면이 나올 경우는 몇 번일까?
   b. 동전 3개는 앞면, 1개는 뒷면이 나올 경우는 몇 번일까?
   c. 각각 2개씩의 앞면과 뒷면이 나올 경우는 몇 번일까?

3. 10개의 동전을 한꺼번에 던질 때, 10개의 동전 모두가 앞면이 나올 확률은 얼마인가? 10개의 동전을 100번 던지면 그런 결과가 나올까?

사실과 이론

이 장에서는 확률에 관한 새로운 지식이 어떻게 관찰과 함께 시작되는지를 보여주었다. 우리는 우리가 관찰한 것을 생각하고, 우리가 본 것을 설명해줄 수 있는 가설을 개발하기 위해 상상력과 직관을 이용한다. 그리고 그런 가설을 실험으로 검사한다. 우리는 그 가설에 대한 실험과 관찰을 통해 사실이 아닌 것으로 나타나면 그 가설을 거부하고, 만약 실험과 관찰에 의해 그 가설이 위배되지 않으면 그 가설을 유지한다.

이런 과정은 우리로 하여금 새로운 사실, 새로운 가설, 새로운 실험, 그리고 새로운 관찰로 새로운 시험을 하게 한다. 그러면서 자연세계에서 일어나는 사건을 설명하는 이론이 생기게 된다.

동시에 그 이론이 새로운 관찰에 의해 반박되는 일 없이 계속해서 적용되고 있음을 알게 되면 그 사실은 증명된 것으로 여겨진다. 여기서 우리는 그 사실을 자연의 법칙 혹은 원리라고 부르게 된다.

그러나 자연의 법칙이나 원리는 절대적이지 않다. 다시 말해 우리는 그것들을 절대적으로 참이라고 간주하지 않는다. 언젠가 새로운 발견, 새로운 사실, 혹은 새로운 실험이 이루어지면서 우리가 증명되었다고 생각했던 이론이나 원리, 법칙과 모순될지 모른다. 그런 일이 일어나면 그러한 모순은 결코 무시할 수 없다.

때때로 이론은 새로운 사실을 설명하기 위해 어느 정도 변화될 수 있다. 새로운 사실을 설명할 수 없다면, 그 이론은 버려야 한다.

예를 들어 뉴턴의 운동 법칙과 중력 법칙은 수백 년 동안 지배적이었다. 그 법칙들은 정확하게 월식을 예측하는 데 아주 성공적이었기 때문에 절대적인 진리로 여겨졌다. 뉴턴의 법칙은 알려지지 않은 행성이 우주 어느 지점에서 발견될 수 있는지를 예측하는 데 사용되곤 하였다. 천문학자들은 새로운 행성인 해왕성을 계산으로 예측한 장소 가까이에서 발견하였다. 이 놀라운 일이 있은 후 대부분의 과학자들은 뉴턴의 법칙이 절대적인 진리라고 생각하였다.

그러나 1887년 앨버트 마이컬슨(Albert Michelson)과 에드워드 몰리(Edward Morley)에 의한 실험은 뉴턴의 법칙과 모순되는 것처럼 보였다. 그에 대한 미스터리는 1905년 알베르트 아인슈타인(Albert Einstein)의 상대성 이론에 의해 풀렸다. 아인슈타인은 자신의 이론을 시험하기 위해 많은 예측을 하였는데, 그것들 모두가 사실로 드러났다.

뉴턴의 운동 법칙은 그냥 버려지지 않았고, 아인슈타인의 이론을 참작하여 계산 방법이 약간 바뀌었다. 뉴턴의 법칙은 여전히 대부분의 상황에 아주 잘 적용되고 있다. 그러나 물체나 입자가 아주 빠른 속도(초속 수 킬로미터)로 움직이면 뉴턴의 법칙은 아인슈타인이 상대성 이론에서 설명한 변화를 고려해야 한다.

이것이 과학에서 지식이 성장해가는 방법이다. 또한 모든 지식이 새로운 사실에 적용되기 위해서는 변해야만 하는 방법이다. 이런 과학적 사고와 행동 방식을 토대로 한 지식의 성장은 우리가 많은 문제를 해결하는 데 더욱 강력한 힘이 되어왔다. 우리는 이러한 지식을 여러 가지 방법으로 적용하여 환경을 더욱 통제할 수 있게 되었다. 또한 이런 과학적 사고방식을 현대의 발명이 만들어내는 많은 환경 문제를 해결해 나가는 데 적용해야 할 것이다.

여러분은 이 장에서 지금까지 설명한 확률에 대한 정보가 어떻게 우리로 하여금 많은 사람들이 불가사의하게 일어난다고 믿는 이례적인, 혹은 미스터리한 사건을 이해하고 설명하는 것을 가능하게 하는지 다음 장에서 살펴보게 될 것이다.

그리고 여러분은 불가사의한 힘이 그런 사건을 일으킨다고 생각할 것까지는 없다는 것을 알게 될 것이다. 또한 아주 이례적인 사건들이 실제로 일어날 수 있다는 것도 알게 될 것이다.

문제 풀이

1a. 3개의 동전을 던져 모두가 앞면이 나올 확률

그림 7.2에서 우리는 3개의 동전이 모두 앞면이 나오는 경우(HHH)는 8가지의 결과 중에서 단 한 번뿐이라는 것을 알 수 있다. 그러므로 동전 3개가 모두 앞면이 나올 확률은 8가지 중의 하나로 1/8이다. 3개의 동전을 100번 던질 경우, 우리는 $1/8 \times 100$, 즉 12.5번이라는 것을 예측할 수 있다.

이 확률은 다음과 같이 계산할 수도 있다.

$1/2 \times 1/2 \times 1/2 = 1/8$

각 동전이 앞면이 나올 확률은 1/2이다. 두 번째 동전은 첫 번째 동전

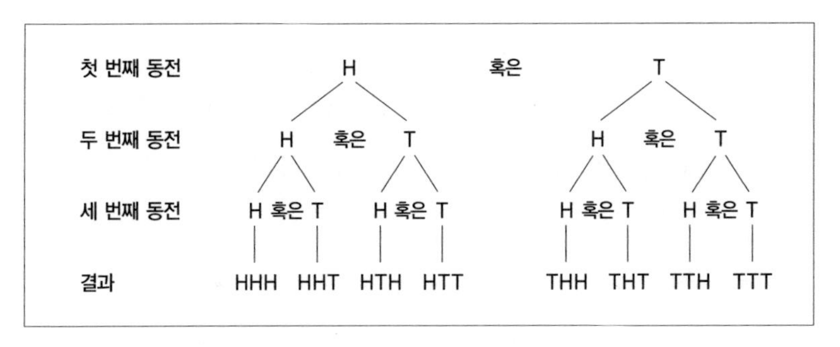

그림 7.2 3개의 동전을 동시에 던졌을 경우에 일어나는 모든 가능한 결과.

이 앞면이 나올 경우의 절반만 앞면이 나올 것이다. 그래서 동전 2개가 모두 앞면이 나올 확률은 절반의 절반이다. 즉 1/2×1/2=1/4이다. 세 번째 동전은 앞의 동전 2개가 모두 앞면이 나올 경우의 절반만이 앞면일 것이다. 즉 1/4의 절반(1/4×1/2=1/8)이다. 이것은 1/2×1/2×1/2과 같다.

동전 1개가 더해질 때마다 모든 동전이 앞면이 나올 확률은, 기존의 모든 동전이 앞면이 나올 확률의 절반으로 줄어든다는 것을 알 수 있다. 4개의 동전을 던질 경우, 모든 동전이 앞면이 나올 확률은 1/2×1/2×1/2×1/2=1/16이 된다.

1b. 2개는 앞면, 1개는 뒷면이 나올 경우는 몇 번일까?

그림 7.2에서 우리는 세 번의 결과가 나올 경우(HHT, HTH, THH)를 볼 수 있다. 그래서 확률은 8개 중의 3개, 즉 3/8이다.

2a. 4개의 동전 모두가 뒷면일 확률은?

이것은 이미 1a에서 토의되었다. 그러므로 4개의 동전 모두가 뒷면일 확률은 1/2×1/2×1/2×1/2=1/16이 된다.

2b. 3개는 앞면, 1개는 뒷면이 나올 확률은?

4개의 동전을 동시에 던졌을 경우의 도표를 그린다(그림 7.3). 3개의 앞면과 1개의 뒷면이 나올 경우(HHHT, HHTH, HTHH, THHH)는 4번임을 알 수 있다. 도표에서 보면 4개의 동전을 던질 경우, 16가지의 결과가 나올 가능성이 있음을 알 수 있다. 그러므로 3개의 앞면과 1개의 뒷면이 나올 확률은 4/16, 즉 1/4이다.

2c. 2개의 앞면과 2개의 뒷면이 나올 확률은?

그림 7.3에서 2개의 앞면과 2개의 뒷면이 나올 수 있는 확률은 6가지(HHTT, HTHT, HTTH, THHT, THTH, TTHH)이다. 전체 가능성은 16가지이다. 그러므로 2개의 앞면과 2개의 뒷면이 나올 수 있는 확률은 6/16, 즉 3/8이다.

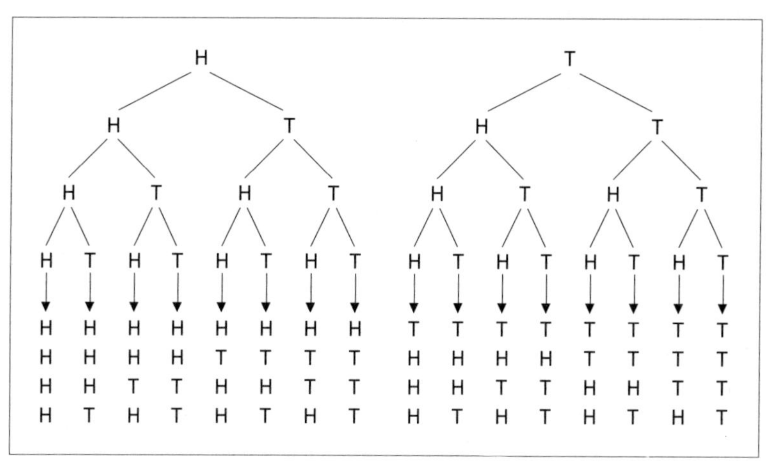

그림 7.3 4개의 동전을 동시에 던졌을 경우에 나올 수 있는 결과.

3. 10개의 동전을 던져 모든 동전이 앞면이 나올 확률은?

1a에서 설명하였듯이, 동전 1개가 더해질 때마다 모든 동전이 앞면이 나올 확률은 1/2씩 줄어든다. 그러므로 10개의 동전을 던질 경우, 그 확률은 1/2이 10번 곱해져야 한다. 1/2×1/2×1/2×1/2×1/2×1/2×1/2×1/2×1/2×1/2=1/1024이다.

이것은 10개의 동전을 1024번 던질 경우, 단 한 번만 모두 앞면이 나올 수 있다는 것을 의미한다. 이것은 아주 드문 경우이다. 100번을 던질 경우에 동전 모두가 앞면이 나올 확률은 단 한 번도 일어나지 않을 것 같다.

20개의 동전을 동시에 던질 경우, 동전 모두가 앞면이 나올 확률을 계산할 수 있을까?

08

이례적인 사건, 운 그리고 우연

이 책의 저자(Mr. R)가 실제로 겪었기 때문에 사실이라고 알고 있는 놀라운 사건이 있다.

Mr. R은 친구 샘의 전화번호를 돌렸다. 몇 차례의 신호가 울리더니, 누군가가 전화를 받았다.

"샘 있나요?"

"예, 잠깐만요. 바꿔드릴게요."

샘이 전화를 받고 서로 안부를 물었다. 그리고 샘이 물었다. "내가 여기 있는지 어떻게 알았지?"

"왜? 지금 집이 아닌가?"

"나 지금 친구 집에 와 있는데."

아니, 이럴 수가! Mr. R은 전화를 잘못 걸었던 것이다. 그런데 잘못된 번호에서 통화를 하려 했던 사람과 연결이 되었던 것이다.

이것은 너무나 믿을 수 없는 일이기에, 많은 사람들은 이 일에 어떤 초자연적인 힘이 작용했음에 틀림없다고 여긴다.

초자연적 원인?

앞에서 설명한 전화 사건을 초자연적인 힘으로 설명하는 것은 더 많은 의문을 불러일으킨다. 초자연적인 존재가 왜 이것을 원한단 말인가? 그 전화는 특별히 중요하지 않다. 어떤 사람의 생명이나 건강도 그것에 영향을 받지 않는다. 그리고 돈도 관여되지 않았다. 초자연적인 존재가 단지 장난을 하고 싶었을까? Mr. R이 이 기이한 일에 놀라운 표정을 짓는 것을 바라보며 즐거워하는 것인가?

미스터리한 초자연적인 존재가 이런 일이 일어나게 하는 데는 어떤 목적이 있는 것 같지는 않다.

초자연적인 존재가 알고 있을 만한 모든 사실과 이런 기이한 전화 사건을 일으키는 원인이 될 만한 여러 가지 마술적 힘을 생각해보자.

1. 초자연적인 존재는 Mr. R이 이렇게 전화번호를 잘못 누르기를 원했어야 했다. 그래서 집에 없는 샘과 통화를 하였을 것이다.
2. 초자연적인 존재는 Mr. R이 전화를 걸기 전에 그의 마음을 읽고 Mr. R이 친구 샘과 전화 통화를 하고 싶어 한다는 것을 알고 있어야 했다.
3. 초자연적인 존재는 샘이 전화를 받도록 하기 위해 그가 집에 있지 않은 것을 알고 있어야 했다.
4. 초자연적인 존재는 Mr. R이 전화를 거는 그 순간에 샘이 친구의 집에 있을 거라는 것을 알고 있어야 했다. 혹은 샘이 그곳에 있도록 조절해야 했을 것이다. 그것은 더욱 기적과 같은 일이다.
5. 초자연적인 존재는 전화번호부를 찾지 않고도 샘의 친구 집 전화번호를 알고 있어야 했다.
6. 초자연적인 존재는 Mr. R의 손가락이 실수를 하여 이렇게 전화번호를 잘못 돌리도록 유도하기 위해 그의 머릿속으로 들어가야 했을 것이다.

초자연적인 존재를 근거로 한 '설명'은 이 기이한 사건 자체보다도 더욱 믿을 수 없는 일들이 일어날 것을 요구한다. 이제까지의 우리의 경험과 관찰로는, 보이지 않는 뭔가가 전화선의 전기를 이런 식으로 잘못 흐르도록 만드는 놀랄 만한 능력을 갖고 있다는 어떠한 증거도 알지 못한다.

혹은 '운' 때문에 이런 일이 일어난 거라고 생각하는 사람들도 있을 것이다. 이것은 '우연히'라는 것을 달리 말하는 방식이다. 그러나 이것 역시 이 기이한 전화가 어떻게 해서 일어났는지를 설명해주지는 않는다.

과학자들은 이것을 다른 방식으로 생각한다. 그들은 이런 일이 왜 일어나는가를 알고 싶어 한다. 앞장에서 배우기 시작한 확률 이론을 토대로 하여 Mr. R에게 일어난 일에 대한 과학적인 설명이 있다. 그 설명을 이해하기 위해서 여러분은 우연히 일어나는 일의 발생 가능성의 흥미로운 특성에 대해 더 많은 것을 알아야 한다.

우연히 일어나는 일들

동전 던지기 실험을 통해 우리는 던진 동전이 앞면이 나올지, 뒷면이 나올지 미리 예측할 수 없다는 것을 알고 있다. 그것은 순전히 우연히 일어나는 예측 불허의 일이다.

그러나 동전 실험은 여러 번 동전을 던질 경우 앞면이 몇 번 나올지, 혹은 뒷면이 몇 번 나올지 대강은 예측할 수 있다는 것을 보여주었다.

이렇게 우연히 일어나지만 그 발생 확률을 알 수 있는 일들은 많이 있다. 예를 들어 52장의 카드 중에서 한 장을 뽑아들 경우, 스페이드가 나올 가능성은 1/4이다. 왜냐하면 52장의 카드 중에 13장, 즉 13/52이 스페이드이기 때문이다.

모든 카드 중에서 한 장을 뽑는 것을 40번 되풀이한다고 가정해보자. 1/4×40, 즉 10번 스페이드를 뽑을 가능성이 있다.

실험으로 이 예측을 검사해보자. 그러나 뽑은 카드는 다시 원상태로 복귀시켜놓아야 한다. 그렇지 않으면 더 이상 52장의 카드가 아니다. 그것은 확률을 변화시킬 것이다. 그리고 뽑는 자리를 바꿔가며 카드를 뽑는다. 예상했던 만큼 스페이드가 나왔는가?

이제 에이스를 고르기로 하자. 위와 같이 카드 뽑기를 100번 했을 경우, 몇 번의 에이스가 나올 거라고 예상하는가? 전체 카드 중에는 4장의 에이스가 들어 있다. 그래서 52장의 카드 중에서 에이스를 뽑을 가능성은 4/52, 즉 1/13이다. 그래서 여러분은 1/13×100=7.7, 즉 약 8번의 에이스를 뽑을 수 있을 거라고 예측한다.

한번 해보자. 결과가 어떻게 나왔는가?

우연히 일어날 수 있는 일에 대한 확률은 아주 작다. 예를 들어 앞장에서 언급한 문제 중의 하나는 10개의 동전을 동시에 던져 10개 모두가 앞면이 나올 가능성을 계산하는 것이었다. 대답은 7장 마지막에서 설명했듯이, 1/2을 10번 곱하는 것으로 1/1024이다. 다시 말해 우리는 10개의 동전을 1024번 던지면 한 번, 10개의 동전이 모두 앞면이 나오는 것을 볼 수 있을 거라고 기대하는 것이다.

이런 예측을 검사하는 실험은 아주 지루하다. 그러나 컴퓨터가 동전을 던지는 가상 실험을 하도록 프로그램할 수 있어 수천 번도 아주 짧은 시간에 할 수 있다.

운석(별똥돌)과 부딪치는 것은 아주 드문 경우여서 우리는 이런 일을 경험해보았다는 사람을 알지 못한다. 그 확률은 실제로 제로이다. 그러나 언젠가 일어날 수도 있다.

번개에 맞는 것 역시 확률이 작다. 그러나 운석과 부딪칠 만큼은 아니다. 그런 일은 가끔 일어나고 있다.

보험회사는 많은 사고에 대해서 신중하게 기록해두고 있다. 관찰을 근거로 한 이런 실제적인 경험으로 인해 보험회사들은 질병, 사망, 차량 도난, 차량 사고, 화재, 그 외 가정에서의 사고가 매년 몇 건 일어날지 상당히 정확하게 예측할 수 있다. 이런 수치는 보험회사가 사고 보상액과 이익을 감안하여 보험금에 얼마를 부과해야 하는지를 예측하기 위해 '관찰된 확률'로 사용될 수 있다.

마찬가지로 Mr. R의 흔치 않은 전화 사건은 충분히 일어날 수 있다. 단지 일어날 확률이 아주 작다는 것뿐이다. 우리는 누가 그런 전화를 받는지 혹은 거는지, 언제 혹은 어디에서 그런 일이 일어나는지 말할 수는 없다. 그러나 우리는 미래의 어느 날, 세상에 있는 누군가에게 그런 일이 일어날 수 있다는 것을 예측할 수는 있다.

전화 사건에 대한 설명

때때로 모든 사람들은 전화를 걸 때 실수를 한다. 만약 그 실수가 전화번호의 마지막 네 자리에서 이루어졌다면, 그 실수는 큰 차이를 만든다.

실수가 마지막 네 자리에서 일어나면, 그 전화는 전화를 받을 사람과 같은 동네의 전화에 걸릴 것이다.

123-456-7890으로 장거리 전화를 건다고 가정하자. 먼저 123을 누르면, 수백만이 사는 대도시로 전화가 연결된다.

두 번째로 456을 누르면 범위가 좁아져 같은 도시의 이웃들에게로 걸린다. 그리고 나머지 네 자리, 즉 0000, 0001, 0002, …… 9999만이 실수로 걸릴 전화번호가 된다.

만약 Mr. R이 마지막 네 자리에서 실수를 하였다면 그는 샘의 이웃에 사는 1만 명 중의 한 명이 될 것이다.

우리는 확률을 계산하기 위해 합리적인 가정(참이라 여겨지는 사실)을 해야 할 것이다. 이것은 실제 사실이 아니라 가정이라는 것을 잊지 않는 한 허용된다. 우리가 계산할 확률은 실제적인 목적에 사용되는 것이 아니고 단지 그런 일이 충분히 일어날 수 있다는 것을 보여주려는 것이므로 그렇게 해도 무방하다.

Mr. R이 마지막 네 자리에서 실수를 할 확률이 1/50이라고 가정하자. 즉 그는 50번의 전화에서 한 번은 그런 실수를 할 수 있다는 것이다. 대부분의 사람들이 50번 중에 한 번 이상은 그런 실수를 하기 때문에 이것은 그럴듯한 가정이다.

각각 달리 독립적으로(서로 관련이 없이) 우연히 일어나는 많은 일들이 분명 Mr. R의 실수 전화가 일어나는 그 시간에 일어난다.

1. Mr. R은 샘에게 거는 전화 버튼을 누르다가 마지막 네 자리에서 실수를 한다. 그 가능성이 1/50이라고 가정하자.
2. 이제 Mr. R의 전화는 샘이 살고 있는 이웃 1만 명 중의 한 명에게 걸린다. 대부분의 사람들은 자신들이 살고 있는 동네 근처에 몇몇의 친구들이 있어 방문을 할 수 있다. 여기서 샘의 친구 10명이 그 근처에 산다고 가정하자. 그 경우, Mr. R의 실수 전화가 샘의 친구에게 걸릴 가능성은 1만 명 중 10명이다. 즉 10/10000=1/1000이다.
3. Mr. R이 전화를 잘못 건 그 순간에 샘이 우연히 한 친구 집에 있을 확률은 분명히 작다. 샘이 1년 중 이웃의 친구들 집에 가 있는 시간을 9시간이라고 가정하자.

   1년은 24×365=8760시간이다. 이 모든 계산은 대략적인 것이기 때문에 1년이 8760시간이든 9000시간이든 그리 큰 문제가 될 게 없다. 그런 경우, 샘이 그 순간에 우연히 친구 집에 있을 가능성은 9/9000, 즉 1/1000이다.

전화를 잘못 걸었는데도 샘과 통화를 하게 되는 데는, 독립적으로 일어나는 이 모든 일들이 함께 일어나야 한다. 우리는 그 확률을 어떻게 계산해야 하는가? 동전 여러 개를 한꺼번에 던진 경우를 생각해보자. 우리는 각 동전에서 일어날 경우의 확률을 곱하면 된다. 예를 들어 3개의 동전을 한꺼번에 던질 때 모두 앞면이 나올 확률은 $1/2 \times 1/2 \times 1/2 = 1/8$이다.

그러므로 Mr. R의 전화의 경우, 확률은 1/50(전화번호 마지막 네 자리에서 실수를 할 확률)×1/1000(전화가 그 지역에 사는 샘의 친구에게 걸릴 확률)×1/1000(샘이 그 시간에 친구 집에 있을 확률)=1/50000000이다.

다시 말해 우리는 이런 평범하지 않은 사건이 5000만 번 중 한 번 일어날 것이라고 예측할 수 있는 것이다.

그런 평범하지 않은 전화가 누군가에게 언제, 세상 어디에서 일어날 것인지 아닌지는 전화를 몇 번 했느냐에 달려 있다. 세상의 전화 통화 수는 정확하게 알려지지 않고 있다. 그러나 미국의 7대 통신회사 중 하나인 나이넥스(Nynex)에 따르면, 그 회사는 하루에 대략 1억 통의 전화를 취급하고 있다고 한다.

매일 1억 통, 그리고 Mr.R과 같은 전화 사건이 일어날 확률은 5000만 통 중 1통. 그렇다면 우리는 나이넥스 통신회사를 이용하는 전화 중에서 그런 일이 일어날 것이라고 기대할 수 있다.

1년이면 하루 통화 수의 365배에 이르는 통화를 한다. 그리고 통신회사는 나이넥스 외에도 더 많이 있다. 그러므로 우리의 확률 계산이 맞다면, Mr. R의 전화 사건과 같은 전화는 매년 여러 통 있을 것이다. 다시 말해 그런 전화는 매년 전 세계 누군가에게, 어느 시간, 어느 장소에서든 일어날 수 있다. 실제로 매년 많은 사람들에게 그런 일이 일어날 수 있다는 것이다.

물론 이것은 확률 계산이 옳다는 전제하에서 그렇다. 그러나 실제로 그 확률이 이보다 100배 작다고 하더라도 그것이 언젠가 일어날 수 있다는 결론을 바꾸지는 않는다.

초자연적인 마법은 필요하지 않다

흔치 않은 사건들이 이 거대한 지구상에서 매년, 매일, 매 순간마다 계속해서 일어나고 있다. 전 세계 50억 명의 사람들 중에서 뭔가 아주 신기한 일이 일어나지 않는다면 그것이 오히려 놀라운 일일 것이다.

그런 신기한 사건은 여러분에게도 인생을 살아가는 동안 일어날 수 있다. 단지 어떤 일이 언제, 어디서 일어날지 미리 알 수 없을 뿐이다. 그러나 만약 언젠가 그런 일이 일어나면 그것이 어떻게 일어날 수 있는지 확률 이론에 의해 이해할 수는 있을 것이다.

그 일이 마법의 힘을 가진 어떤 초자연적인 존재에 의해서 일어난 것이라고 가정할 필요는 없다.

기타 희귀한 사건들

흔치 않은 일이지만 실제로 일어난 두 가지 예를 들어보자. 여러분의 추리력과 확률 이론을 이용하여 그런 일이 어떻게 일어날 수 있는지 설명해보자. 그리고 이 장의 마지막 부분에서 다시 한 번 해답을 살펴보기로 하자.

1. 희귀한 경마 대회

어느 날 경기 트랙에 있던 사람들은 일곱 마리의 말이 뛰는 경마 대회에서 말들이 결승점에 들어오는 장면을 보고 깜짝 놀랐다. 1번 말이 제일 먼저 들어왔다. 2번 말이 두 번째로 들어왔다. 3번 말이 세 번째로 들어왔다. 그리고 그다음 번호대로 차례로 들어왔다. 4, 5, 6, 7.

그림 8.1 일곱 마리의 말이 뛰는 시합에서 1번 말이 첫 번째로, 2번 말이 두 번째로 들어왔다. 일곱 마리의 말이 뛰는 이런 시합을 42번 하면 그 중 약 한 번은 이런 결과가 나올 수 있다는 것을 설명할 수 있는가? (사진: 뉴욕 경마협회)

이것은 아주 드문 경우였다. 왜냐하면 결과는 1번에서 7번까지 7개 번호의 조합이 될 수 있기 때문이다. 예를 들어 3, 6, 2, 7, 5, 1, 4 혹은 6, 1, 7, 5, 2, 4, 3 등.

이런 시합의 사진이 얼마 전 잡지에 나왔다. 그림 8.1은 시합에서 첫 번째로 들어온 말이 1번이고, 두 번째로 들어온 말이 2번인 경우이다. 일곱 마리의 말 중에서 그림 8.1에서처럼 1번이 첫 번째로, 2번이 두 번째로 결승점에 들어올 확률을 계산할 수 있는가?

그리고 일곱 마리의 말이 번호순(1, 2, 3, 4, 5, 6, 7)으로 결승점에 들어올 확률을 계산할 수 있는가?

그림 8.2 한 여자가 두 번 복권에 당첨되었다. 이것은 기적처럼 보인다. 많은 사람들이 그것은 초자연적인 존재의 힘에 의한 것이라고 생각한다. 그런 희귀한 일이 어떻게 실제로 일어날 수 있는지 설명할 수 있는가? (그림: Albert Sarney)

이에 대해 생각해보고 이 장의 마지막 부분에 있는 '문제 풀이'를 보자.

2. 두 번 당첨된 로또복권

한 사람이 수억 원짜리 복권에 두 번씩이나 당첨될 수 있다고 생각하는가? 그것은 실제로 불가능하며 결코 일어날 것 같지 않다. 그러나 실제로 그런 일이 일어난 사람들이 간혹 있다(그림 8.2).

그런 흔치 않은 일이 언젠가, 누군가에게 일어나리라고 기대하는 것이 가능하다는 것을 보여줄 수 있는가?

이에 대해 생각해보고 이 장의 마지막 부분에 있는 '문제 풀이'를 보자.

이 책에서 여러분은 여러 가지 사건들을 반드시 초자연적인 힘에 의한 것으로 설명할 필요는 없다는 것을 살펴보았다. 또한 관찰, 실험, 그리고 논리적 추리를 근거로 한 과학적 사고는 우리에게 복잡한 세상에서 일어나는 일들을 설명하는 데 커다란 힘을 준다는 것을 보았다.

다음 장에서는 지난 몇 세기 동안 우리의 지식을 부쩍 성장시키는데 과학적 사고방식의 힘이 어떻게 사용되어왔는지를 보게 될 것이다. 그 과학적 사고방식은 놀라운 방법으로 세상을 변화시켜왔다.

문제 풀이

1. 희귀한 경마 대회

말들이 하나씩 결승선을 지나면 그 말 뒤에 달리고 있는 말의 수는 점점 줄어든다. 1번 말이 첫 번째로 결승선을 들어올 확률은 일곱 마리 중의 하나인 1/7이다. 2번 말이 그다음에 들어올 확률은 남아 있는 여섯 마리 중의 하나인 1/6이 될 것이다.

그러므로 이 두 말의 독립적인 일이 같은 시합에서 일어날 확률은 1/7×1/6=1/42이다. 따라서 우리는 일곱 마리의 말 중에서 1번, 2번 말이 나란히 번호대로 들어올 확률은 42번의 시합 중에 한 번은 일어날 수 있다고 기대하는 것이다.

그렇다면 1, 2, 3, 4, 5, 6, 7번순으로 말이 들어올 확률은 1/7×1/6×1/5×1/4×1/3×1/2×1/1=1/5040이 된다.

우리는 5040번의 시합에서 한 번은 번호순으로 말이 들어올 것을 기대할 수 있다.

하루에 여러 번의 시합이 있다. 그리고 전 세계의 수많은 경마장에서 1년 중 많은 날에 시합이 열린다. 1년에 일곱 마리의 말 경기가 1000번 있다고 할 경우, 5년이면 5000번, 10년이면 1만 번이 된다. 그런 오랜 기간 동안 보면 5040번의 경기 중에 한 번은 일어날 것이다.

따라서 우리는 그런 일이 언젠가는 일어날 것을 기대할 수 있는 것이다. 실제로 이미 일어났다.

2. 두 번 당첨된 로또복권

평균적으로 100만 명의 사람들이 로또복권을 산다고 가정하자. 그러면 어느 한 사람이 복권에 당첨될 확률은 100만 명 중 1명으로 1/1000000이다. 이 확률은 너무 작아서 한 특정한 사람이 당첨되기는 상당히 어려울 것 같다.

그러나 대부분의 복권은 매주 혹은 매달 지구상의 많은 나라에서 실행되고 있다. 몇 년에 걸쳐서 보면 많은 사람들이 복권에 당첨된다. 아마도 지금까지 모두 수천 명은 될 것이다.

실제로 두 번이나 복권에 당첨된 여자는, 처음 복권에 당첨되어 많은 돈을 번 후, 다시 또 당첨되기 위해 매주 20장의 복권을 샀다. 1년 동안 그녀는 1000장이 넘는 복권을 샀다. 이런 식으로 그녀는 다시 당첨될 기회를 약 1000배 증가시켰다.

매년 새로운 복권 당첨자가 생긴다. 그래서 그 수는 계속 늘어난다. 지금까지 전 세계에서 복권에 당첨된 사람은 아마도 1000명 이상이 될 것이다. 그리고 그들 중 일부는 새 복권을 다시 샀을 것이다.

따라서 다시 또 당첨되기를 바라며 복권을 산 1000여 명의 복권 당첨자 중 한 명이 다시 당첨되는 것은 시간 문제일 뿐임을 알 수 있다. 그래서 우리는 세상 어디의 누군가가 복권에 두 번 당첨될 수 있다는 것을 예측할 수 있다.

09

과학은 진짜 지식을 전해준다

타임머신을 타고 1540년으로 돌아가 폴란드에 사는 니콜라스 코페르니쿠스를 만나보자. 여러분은 그가 '지구는 태양 주위의 일정한 궤도를 따라 돌고 있다'는 이론에 대해 연구 중인 것을 보게 된다. 여러분은 코페르니쿠스에게 다음과 같은 놀라운 이야기를 전해준다.

1968년 우주비행사라고 불리는 세 명의 남자가 성당 건물만큼 거대한 튜브 모양의 기계에 들어갔어요. 잠시 후 엄청난 불길이 갑자기 그 기계 아래에서 뿜어져 나왔지요. 그러더니 그 기계는 천천히 공중으로 올라가 점점 더 빠르게, 점점 더 높이 움직였어요(그림 9.1).

얼마 지나지 않아 그것은 약 160킬로미터 정도의 높이에 떠 있는가 싶더니, 지구 밖 차가운 우주 공간으로 날아갔어요. 불길이 멈추고 그 기계 아랫부분의 커다란 부위가 분리되어 떨어져 나갔지요. 세 명의 우주비행사를 태운 그 작은 부위는 시속 3만 2200킬로미터 이상의 속도로 약 38만 6000킬로미터 이상 멀리 떨어져 있는 달을 향해 나아갔어요.

우주비행사들은 그 속도를 전혀 느끼지 못했지요. 사실 그들은 조종실의 공중에 조용하게 떠 있었어요. 방향을 바꿔 움직이려면 단지 어떤 물체의 표면에 대고 밀어내기만 하면 되었지요.

며칠 후 그들은 달 가까이에 도달했어요. 우주선에서 치솟는 불길과 함께 뜨거운 가스가 뿜어져 나왔고, 우주비행사들은 우주선을 조종하여 궤도 안으로 들어갔지요. 그 우주선은 달 주위를 계속 돌고 있었어요. 마치 태양 주위의 궤도를 돌고 있는 행성처럼.

이런 정확한 조종은 정밀한 기계에 의한 측정과 인간보다 수천 배 빨리 수학 문제를 푸는 컴퓨터에 의한 복잡한 계산에 따라 시간이 맞춰져 있었어요.

세 명의 우주비행사 중에 두 명이 우주선의 본체로부터 서서히 분리되어 나온 작은 '달착륙선'에 들어갔어요(그림 9.2). 그들은 곧 달착륙

그림 9.1 아폴로 11호는 세 명의 우주비행사를 달로 데려갔다가 다시 지구로 안전하게 데려왔다. 세 명 중의 두 명은 실제로 달에 발을 내딛었다. 이 획기적인 일은 그런 종류의 몇몇 여행에서 최초였고, 과학 지식의 계속적인 발달을 가능하게 만들었다. (National Aeronautics and Space Administration)

선에 불을 붙인 다음, 달에 서서히 착륙하도록 조종하였지요.

우주비행사들은 부피가 크고, 폐쇄되고, 공기 공급기를 단 우주복을

그림 9.2 아폴로 11호의 본체로부터 떨어져 나온, 두 명의 우주비행사를 태운 '달착륙선'. 우리의 아름다운 지구는 지평선 위에 떠 있는 반달처럼 보인다. (National Aeronautics and Space Administration)

입었어요. 무게가 아주 무거운 장치도 신발 안에 장착되었어요. 왜냐하면 달의 중력이 지구 중력의 1/6밖에 안 되었기 때문이지요. 우주비행사가 달에 멈춰 있도록 강하게 유지해주는 그런 장치가 없다면, 그들은 걸음을 걸을 때마다 위험할 정도로 높이 튀어 오르게 되었을 것입니다.

달에서 약 38만 6000킬로미터 이상 떨어져 있는 지구에서는, 수억 명의 사람들이 집에 앉아 텔레비전을 통해 달 위를 걷는 우주비행사들

그림 9.3 우주비행사 올드린이 달에서 실험을 하고 있다. 부피가 큰 우주복은 공기가 없고 차가운 달에서 공기 공급과 적절한 온도를 유지하는 데 꼭 필요하였다. (National Aeronautics and Space Administration)

을 지켜보았어요(그림 9.3). 그들은 우주비행사들이 이 새롭고 이상한 세상에 대해 설명하는 소리를 들었으며, 심지어 우리의 아름답고 둥근 지구가 달에서 어떻게 보이는지를 보았어요.

우주비행사들은 달 지역을 탐사하고, 사진을 찍고, 실험을 하고, 암석 채집을 하면서 며칠간을 달에서 보냈지요.

그들은 달착륙선에 불을 붙이고 다시 지구로 돌아오는 여행을 시작하였어요. 우선 달착륙선을 조종하여 여전히 달의 궤도를 돌고 있던 우주선 본체와 합체하였지요. 우주비행사들이 안전하게 본체에 오르자 우주선의 뒤쪽에 불이 붙으면서 우주선은 달의 궤도 밖으로 벗어나 지구를 향해 높은 속도로 움직였어요.

지구를 떠난 지 8일째에 그 우주선은 지구에 다가와 궤도 안으로 진입하였어요. 세 명의 우주비행사들은 옥수수 모양의 통 속으로 들어갔고, 그 통은 우주선 본체로부터 튀어나왔지요. 그것은 초속 약 8킬로미터의 속도로 비스듬하게, 태평양 상공 약 80킬로미터 지점의 대기권으로 들어섰어요.

그곳은 본래 그 통이 떨어지기로 예측되어 있던 지점에서 약 160킬로미터 떨어진 곳이었어요. 공기 저항 때문에 점차 그 통의 속도가 줄었지만 낙하를 좀더 늦추기 위해 커다란 낙하산이 펼쳐졌어요. 그 통은 이내 거대한 바다에 안전하게 떨어져서 수면을 가볍게 치며 물 위를 떠다녔어요.

근처에서 기다리고 있던 큰 배에서 헬리콥터 한 대가 재빨리 우주비행사들 쪽으로 날아갔고, 그 위에서 정지하여 물 위에 고무보트를 떨어뜨렸지요.

달에서 묻혀왔을지도 모를 새로운 세균을 없애기 위해 우주비행사들은 특수한 옷을 입고는 고무보트에 올라탔어요(그림 9.4). 한 명씩 한 명씩 비행사들은 헬리콥터에 올라 배로 날아갔어요.

그림 9.4 특수한 통을 타고 낙하산으로 바다에 내린 후, 세 명의 우주비행사들(닐 암스트롱, 마이클 콜린스, 에드윈 올드린 2세)은 해로운 세균을 달에서 지구로 가지고 왔는지 확인하기 위해 공기가 꽉 찬 옷을 입었다. (National Aeronautics and Space Administration)

그들은 즉시 특수한 방에 들어갔고, 혹시 위험한 세균에 오염되었는지의 여부를 과학자들이 확인하는 21일 동안 그곳에 머물러 있었어요. 결국 이것은 사람들이 처음으로 달에 오른 사건이었지요. 그래서 아무도 달에 새로운 종류의 세균이 없을 거라는 것을 확신할 수 없었기 때문에 반드시 예방이 이루어져야 했어요. 세 명의 우주비행사는 인간으로서는 처음으로 달에 방문한 영웅으로서 사람들의 환영을 받았지요.

코페르니쿠스는 아마도 이런 실제 사건에 대한 설명을 '꾸며낸 이야기'라고 생각할 것이다. 그는 다음과 같은 사실을 불가능한 것으로, 혹은 믿을 수 없는 것으로 여길지도 모른다.

- 로켓모터가 엄청난 불길과 힘을 만들어 사람들을 약 38만 6000킬로미터 이상 멀리 떨어진 달까지 데려갔다가 다시 안전하게 지구로 데려올 우주선을 발사시킬 수 있다.
- 우주복을 입은 우주비행사들이 공기가 없는 달에서 안전하게 걸을 수 있다.
- 텔레비전을 통해 수백만 명의 사람들이 약 38만 6000킬로미터 이상 떨어져 있는 달에서 일어나는 사건을 보고 들을 수 있다.
- 컴퓨터가 인간이 풀 수 없는 매우 복잡한 수학 문제를 아주 놀라운 속도로 빠르게 풀 수 있다.
- 사람들이 어떤 움직임도 느끼지 않고 시속 수천 킬로미터의 속도로 여행할 수 있다.
- 로켓모터가 꺼졌을 때 사람들이 우주선 속에서 공중을 떠다닌다.
- 달에서 우리의 무게가 지구의 1/6이다.
- 카메라가 아주 훌륭한 화가가 그릴 수 있는 것보다 더 정확하고 자세하게 보여주는 사진을 찍을 수 있다.
- 폐쇄된 통 속에 있던 사람들이 낙하산을 이용하여 우주로부터 지구

로 안전하게 떨어질 수 있다.

- 우주로부터 돌아온 우주비행사들이 지구 어디로 낙하산을 타고 내려올지를 미리 정확하게 계산할 수 있다.
- 배가 아주 정확하게 항해하여 바다 한가운데서 우주비행사들이 떨어지기로 예측된 그 자리를 찾을 수 있다.
- 헬리콥터라 불리는 날아다니는 기계가 있어서, 배에서 이륙하여 우주비행사들을 위해 고무보트를 바다 가운데에 떨어뜨려주고 공중에 떠서 그들을 태워 올려 안전하게 배로 데려올 수 있다.
- 너무 작아서 맨눈으로는 볼 수 없는 '세균'이라 불리는 작은 생물체가 질병을 일으킨다.

여러분은 코페르니쿠스가 할지도 모르는 많은 질문에 대답하기 어려울 것이다. 만약 그가 여러분을 믿는다면, 그는 분명 매우 신기해 할 것이다. "사람들이 어떻게 사람을 안전하게 달까지 데려가고 데려올 수 있는 우주선 만드는 법을 알게 되었을까? 어떻게 겨우 430년 만에 그런 모든 것들이 가능하게 되었을까?"

“거인의 어깨에 올라서다”

현대 생활 방식뿐 아니라 우주 항해는 수많은 과학자들에 의해 발명되어 얻어진 지식 없이는 가능하지 못했을 것이다.

단 한 명의 과학자, 아이작 뉴턴(Isaac Newton)의 커다란 공헌을 생각해보자. 1687년 그는 운동의 법칙, 중력의 법칙, 그리고 ‘미적분’이라 불리는 수학에 몰두하고 있었다. 힘, 운동, 그리고 어떻게 그것들이 계산되는지에 대한 발견이 없었다면 오늘날 우주 항해는 결코 이루어질 수 없었다.

이 지식은 우주과학자들로 하여금 로켓모터에 의해 발생되는 힘과 운동, 지구와 달의 중력 효과, 그리고 우주선이 궤도로 들어서고 달에 착륙하는 데 필요한 운동의 방향과 속도를 아주 정확하게 계산할 수 있게끔 하였다.

뉴턴의 법칙과 미적분에 대한 지식이 없이는 큰 다리나 높은 빌딩도 세워질 수 없었고, 우주선 · 자동차 · 비행기 · 라디오 · 텔레비전 등도 만들어지지 못했을 것이다.

뉴턴은 자신이 “거인의 어깨 위에 올라서 있다”고 생각하였다. 물체가 떨어지는 방식을 연구해온 갈릴레오나 이전의 다른 여러 과학자들로부터 얻은 지식 때문에 뉴턴은 운동에 관한 새로운 발견을 하는 것이 가능하였다.

요하네스 케플러(Johannes Kepler)는 행성의 궤도가 완전한 원이 아니라 '타원 모양'이라는 것을 보여준 또 다른 과학적 '거인'이었다. 이 생각 역시 뉴턴의 발견에 중요한 역할을 하였다.

코페르니쿠스는 태양 주위를 도는 행성들이 있는 태양계에 대한 현대적인 생각을 제시했다. 뉴턴은 자신의 운동과 중력의 법칙을 풀기 위해 이것을 알아야 했다.

시간을 뒤로 더 돌려보면, 우리에게 태양, 달, 그리고 여러 행성에 대한 중요한 지식을 전해준 많은 천문학자들이 있다. 코페르니쿠스, 케플러, 뉴턴은 그런 정보가 없었더라면 그들의 발견을 이루지 못했을 것이다.

과학자 외에도 많은 사람들이 현대의 우주 비행에 지대한 역할을 하였다. 요하네스 구텐베르크(Johannes Gutenberg)는 인쇄술을 발명하여 뉴턴이 자신의 발견에 필요한 지식을 전달해준 책 만드는 것을 가능하게 하였다. 그보다 훨씬 이전의 사람들은 글자, 펜, 잉크, 종이 등을 발명하였다.

그 밖에도 다른 사람들이 많은 종류의 기계와 재료를 발명하여 우주선, 각종 도구, 컴퓨터 등을 만들어내는 것을 가능하게 하였다. 그러한 것들이 없었더라면 달로의 여행은 불가능했을 것이다.

인간은 음식과 쉴 곳이 필요하다. 그래서 과거와 현재의 많은 사람들이 식량 개발, 다양한 품종 재배, 식량 운송, 주택 건설, 의류 제조 등의 새로운 방식을 알아냈다. 만약 이들이 없었다면, 과학자나 발명가들은 자신들의 연구를 이루지 못했을 것이다. 이 모든 것들이 우주 비행뿐 아니라 우리의 문명 발달에 크게 공헌하였다.

현대의 문명 발달은 과거의 지식을 젊은 세대에게 전달해주는 학교가 없었더라면 불가능했을 것이다. 위대한 과학자가 몇 년씩 걸려 발견한 것을 오늘날의 학생들은 아주 빠른 시간 내에 배운다. 현대의 과학 교재에 있는 지식의 대부분은 코페르니쿠스, 갈릴레오, 뉴턴을 깜짝 놀라게 만들 것이다. 그러나 대부분의 학생들은 이 귀중한 지식 재산을 당연하게 받아들인다.

이러한 지식은 젊은 사람들 모두를 위대한 과학자로 만들지 않는다. 그러나 그들이 오늘날 배우는 것은 그들에게 '거인의 어깨에 올라설 기회'를 주고, 언젠가는 미래의 지식에 한몫하게 만든다.

우리 모두는 거인의 어깨에 올라서 있다. 우리가 먹는 모든 음식, 우리가 입는 옷들, 우리가 살고 있는 집, 그리고 오늘날 우리가 만들고 사용할 줄 아는 모든 것들은 과거에 살았던 사람들에 의해 우리에게 전해진 지식이 없었더라면 불가능했을 것이다. 우리는 이 모든 것을 가능하게 만들어준 과거와 현재의 많은 사람들에게 감사해야 한다.

이런 위대한 성취의 어느 부분이 미신적인 사고에 의해 이루어졌다고 생각하는가? 절대 아니다. 동화식 마술과 같은 믿음은 사물들이 어떻게, 왜 일어나는지 설명하려는 시도를 방해한다. 오늘날 그것은 어떤 일이 왜 일어나는지에 대해 생각하는 것을 피하려는 게으른 사람의 변명일 뿐이다.

우리 인간은 과학적 사고방식을 사용하는 방법을 배운 후에야 달나라에 가는 것은 물론, 일상적인 삶을 향상시키는 것이 가능하였다.

불행하게도 우리는 우리의 지식을 적절히 사용하는 법을 완전히 배우지 못했다. 오늘날의 전쟁은 이전보다 훨씬 더 파괴적이다. 세상에는 너무 많은 사람들이 굶주림으로 죽어가고 있다. 오염은 점점 늘어 환경이 심각하게 훼손되고 있다.

과학적 사고는 오늘날의 많은 문제를 해결하는 데 도움이 된다. 다음 장은 이런 문제의 일부를 다루고 해결 방안을 제시해보도록 한다.

10

과학의 과거, 현재 그리고 미래

다음과 같은 상황을 생각해보자. 만약 여러분이 1500년경에 살고 있다면, 여러분 중 약 3분의 1은 열 살을 넘어 살아남기 힘들었을 것이다. 그 당시 대부분의 사람들은, 오늘날에는 쉽게 예방되고 치료되는 질병으로 30세가 채 되기도 전에 죽었기 때문이다.

당시 의사들은 실제적으로 대부분의 질병을 일으키는 원인에 대해 알지 못했다. 그들은 겨우 몇 가지의 약을 가지고 치료를 했다. 심한 통증을 완화시켜주는 약은 없었다. 그들은 부러진 다리를 적절하게 치료할 수 없었다. 생명을 구하기 위해 그들은 종종 마취 없이 다리와 팔을 절단하였다. 사람들은 병원균, 바이러스, 비타민, 미네랄 등에 대해 전혀 알지 못했다.

의사들은 심장의 펌프 작용에 의해 피가 온몸을 순환하고 있다는 것을 몰랐다. 그들은 손을 깨끗이 씻는 것이 질병 예방에 얼마나 중요한지조차 깨닫지 못하고 있었다.

농사는 매우 힘들었다. 왜냐하면 땅을 파고 곡식을 거둬들일 트랙터가 없었기 때문이다. 식량을 먼 도시까지 운반해줄 트럭이나 기차도 없었다. 사람들은 자신들에게 필요한 식량 정도는 스스로 생산해야 했고, 그래서 대부분 농사를 지어야 했다.

말이나 소가 여러 가지 일에 이용되긴 했으나 대부분의 힘든 육체적 노동은 인간에 의해 이루어졌다. 손으로 어떤 종류의 물품을 생산하게 해주는 간단한 도구가 있었는데, 이것은 많은 시간과 노력을 요구했다. 사람들은 종종 손수 실과 옷을 만들어야 했다. 살아가기 위해 사람들은 해가 뜰 때부터 해가 질 때까지 일해야 했다.

대부분의 아이들은 어려서부터 식량과 주거에 필요한 일을 돕고, 가족을 위해 열심히 일해야 했다. 학교와 가정교사는 오직 부자들을 위해서만 존재했다. 대부분의 사람들은 읽고 쓰는 법을 거의 배우지 못했다.

뿐만 아니라 책이나 잡지, 신문 등을 쉽게 구할 수도 없었다. 왜냐하면 1447년이 되어서야 인쇄술이 발명되었기 때문이다. 그 전에는 글자를 한 자 한 자, 한 페이지 한 페이지 손으로 적어 책을 만들었다. 그래서 사람들은 자기가 사는 마을 너머 다른 세상에 대해서는 거의 알지 못했다.

대부분의 사람들은 자기가 태어난 곳에서 겨우 몇 킬로미터 이상은 여행을 하지 않았다. 그 이유는 어디를 가려면 걷는 것만이 유일한 방법이었기 때문이다. 소수의 부자만이 말을 타거나 덜컹거리는 마차를 타고 포장되지 않아 잔뜩 먼지 나는 길을 갈 수 있었다.

전화도 없어 다른 지역과의 커뮤니케이션이 어려웠고, 속도도 느렸다. 심지어 편지를 주고받는 것조차도 읽고 쓸 줄 아는 사람들이 많지 않아 문제가 되었다. 편지는 말을 탄 사람이나 마차를 탄 사람들에 의해 전달되었다.

따라서 "아, 옛날이 좋았어!"라고 말하는 것은 잘못된 것일 수도 있다. 대부분의 사람들에게 삶은 아주 힘들었고, 수명은 대개 아주 짧았다. 옛날의 왕과 여왕은 오늘날 대부분의 사람들이 살아가는 방식을 부러워할 것이다.

1500년경이 되어서야 미신을 대신하고, 우리에게 자연과 세상에 대한 믿을 만한 사실을 전해주는 현대과학이 나타났다. 이 지식은 많은 발명가들에 의해 아주 빠르게 이용되어 산업이 생기면서 세상은 바뀌었다.

과학은 더 나은 삶을 우리에게 주었다

오늘날과 같은 역사상 가장 흔치 않은 시대에 살고 있는 여러분은 행운아이다. 식량을 생산하고 의료 서비스를 제공하는 대단히 효과적인 방법들 덕택에 여러분은 충분히 먹고 건강하게 오래 살 수 있다.

현재 미국에서 살고 있는 대부분의 사람들에게는 영양이 풍부한 다양한 음식들이 넘쳐난다. 그러나 불행하게도 가난한 사람들이나 노숙자들에게는 그렇지 않다.

미국의 경우, 50명의 사람들이 충분히 먹는 식량을 생산하는 데 필요한 인력은 한 사람이면 된다. 예전 같으면 수백 명이나 되는 사람들의 노동력이 필요했을 힘든 작업을 오늘날에는 많은 종류의 힘 좋은 기계가 대신하고 있다(그림 10.1).

오늘날에는 다양한 제품을 대량생산해내고 있는 대형 공장들이

그림 10.1 거대한 추곡 기계에서 쏟아져 나오는 곡식. 이 기계는 수백 명의 사람들이 해야 할 일을 대신한다.

수없이 많다. 노동의 대부분은 전기로 움직이는 복잡한 기계가 대신한다. 전에는 알지도 못했던 수천 가지의 산업용 제품과 소비재들을 언제든 구입할 수 있다.

에너지를 예로 들어보면, 우리는 석유, 석탄, 가스, 원자력, 수력 등의 연료를 사용한다. 그것들은 자동차, 트럭, 기차, 트랙터, 선박, 비행기, 우주선 등을 움직인다. 그것들은 또한 모터를 작동시키는 놀라운 전기를 만들어내 공장의 기계와 가전제품을 작동시킨다.

우리는 즉시 전 세계에 있는 사람들과 전화 통화가 가능하다. 수백만 명의 사람들이 집에서 텔레비전으로 지구에서 일어나는 일을 보고 들을 수 있다.

우리는 약 160킬로미터 멀리 떨어져 있는 곳을 차나 버스로 몇 시간 내에 방문할 수 있다. 5시간이면 우리는 비행기로 미국 대륙을 횡단할 수 있고, 하루 안에 세계 어느 나라도 갈 수 있다. 우리는 사람도 달에 보냈다가 안전하게 그들을 다시 데려올 수 있다.

그러나 많은 부작용도 존재한다

삶을 더 오래, 그리고 더 좋게 이끌어온 과학적 발견은 또한 문명을 파괴할 수 있는 매우 파괴적인 무기, 특히 핵폭탄의 발명을 이뤄냈다. 오늘날의 화학물질, 연료, 살충제, 화학비료, 그리고 많은 제품들로부터 나오는 쓰레기는 공기, 물, 토양을 오염시킨다.

우리가 생산하고 버리는 다량의 제품들은 다량의 쓰레기가 되어 쓰레기 하치장을 금세 채우고 물과 토양을 오염시킨다. 우리는 쌓여가는 쓰레기 처리로 공간을 다 써버리고 있다.

우리가 전기와 같은 에너지를 만들어내기 위해 사용하는 엄청난 연료는 연소되어 공기 중에 이산화탄소를 증가시키고, 이는 '지구 온난화'의 원인이 되고 있다. 지구 온난화는 기후에 변화를 일으켜,

따뜻해진 바닷물은 팽창하고 얼음조각들은 녹아서 해변 도시에 홍수를 일으킬 것이다.

대기권 저 높이서 지구를 보호해주는 오존층은 냉장고와 에어컨에서 사용되는 화학물질에 의해, 가솔린의 매연에 의해, 혹은 공장에서 사용되는 화학물질에 의해 파괴될 수 있다. 이로 인해 약해진 오존층은 태양으로부터 오는 더 많은 양의 자외선이 지구에 닿도록 하여 인간을 비롯한 살아 있는 생물체에 해를 입힐 수 있다.

자동차에서 연소되는 가솔린은 공기를 오염시켜 산성비의 원인이 된다. 이 산성비는 농작물에 피해를 입힌다. 발전소는 석유나 석탄을 태워 유용한 전기를 생산하지만, 호수나 숲에 사는 식물과 동물의 생태계를 파괴한다.

핵 발전소는 엄청난 양의 방사선 물질을 만들어낸다. 만약 사고로 그 물질들이 누출되면 많은 인명 피해를 낳게 되고, 많은 면적의 땅을 수년 동안 사람이 살 수 없는 불모지로 만든다.

원자력 발전소는 수천 년 동안 지속되는 위험한 핵폐기물을 만든다. 우리는 이런 폐기물로부터 미래 세대들을 보호할 확실한 방법을 아직 발견하지 못하였다.

이러한 이유로 원자력은 많은 사람들이 생각하는 것처럼 '깨끗'하지 못하다. 그것은 연료를 태워 에너지를 만드는 것과는 다른 식으로 환경을 오염시킨다.

현대 의료 시설은 많은 인명을 구해주었고, 사람의 평균수명을 증가시켰다. 그러나 많은 미개발국들의 높은 출생률은 땅의 포화 상태, 숲의 파괴, 농장의 과다 사용, 그리고 빈곤의 증가 등을 초래한다.

숲의 나무는 땔감, 목재, 종이 등을 위해 잘려나간다. 소, 양, 염소 등의 지나친 방목은 초지를 훼손하고 사막을 만들어낸다. 척박한 땅에서의 농사는 토양의 침식을 일으킨다. 사람들은 지금 환경을 아주 빨리 변화시키고 있다. 그래서 많은 생명들이 파괴되어가고 있다.

100년 전만 해도 사람들은 과학 지식이 이렇게 해로운 영향을 많이 끼칠 거라고는 예상하지 못했다. 사람들은 '과학'을 그저 좋은 것으로 생각하였다. 그러나 오늘날에는 많은 사람들이 이 과학 지식을 좋은 것보다는 해로운 결과를 더 많이 가져다주는 것으로 생각한다. 그리 많은 것을 알지 못하던 그 '좋은 옛 시절'로 돌아가는 것이 더 나은 것은 아닐까 하고 생각하는 사람들도 있다.

하지만 미신적인 사고를 대신하고 우리에게 더 나은 삶과 더 긴 수명을 가져다준 바로 그 과학적 사고방식은 과학의 해로운 영향을 멈추는 데도 적용될 수 있다. 어떻게 하면 될까?

과학 지식은 우리의 문제를 해결하는 데 도움이 될 수 있다

지금까지 우리는 과학적 사고방식을 주로 사물—물질(원자, 분자), 생물체, 에너지(운동, 전기, 열, 빛, 소리 등), 지구, 태양, 달, 행성, 별들—에 대한 새로운 지식을 얻는 데 사용해왔다. 우리는 이런 연구를 여러 영역으로 나누었다. 예를 들어 생물학, 물리학, 화학, 지질학, 천문학 등으로. 그리고 그것들의 중요한 응용으로는 의·약학, 공학, 건축학 등이 있다.

많은 사람들은 사물에 대한 새로운 과학 지식을 얻는 데 완전히 전문가가 되어 우리는 이제 산업, 공업, 의약 등에서의 어려운 문제를 해결하는 데 빠른 진보를 할 수 있다. 그러나 반면에 사람들로 하여금 현재 세상의 다양한 변화를 가능하게 한 아이디어에 대한 새로운 지식을 발견하고 적용하는 것은 훨씬 어렵다는 것이 드러났다.

우리는 이제 심리학(생각하고 행동하는 법), 인류학(인류의 기원과 발달, 그리고 그들의 문화), 경제학(상품을 생산하고 분배하고 소비하는 법), 사회학(인간 사회의 연구), 정치학(정부가 우리로 하여금 지역사회, 도시, 그리고 국가로서 함께 일해 나가도록 하는 법)과 같은 새로운 과학으로부터 새로운 지식을 발견하고 적용하는 법을 배우기 시작하고 있다.

이런 '인문과학'의 발달은 '사물'에 관한 과학의 발달보다 느렸다.

그 이유 중 하나는 사람들이 실험의 일부가 될 때 그들의 생각, 의견, 행동이 다른 사람들의 관찰을 변화시킬 수 있기 때문이다. 이것은 종종 실험의 결론을 바꾼다. 그리고 실험을 하는 사람들 역시 자신들의 생각과 의견에 영향을 받는다.

마찬가지로 이런 '인문과학'에서 새로운 지식을 배우는 것은 중요하다. 왜냐하면 모든 사람들은 현대사회의 많은 어려운 문제를 해결하는 데 중요한 역할을 하고 있기 때문이다. 예를 들어 사람들이 연료를 태워 발생하는 오염과 지구 온난화 문제를 해결하는 데 어떻게 과학 지식을 사용할 수 있는지 생각해보자.

과학은 대기오염을 감소시킬 수 있을까

대기오염 문제의 증가는 주로 자동차, 가정, 공장에서 사용하는 엄청난 양의 석유와 석탄에 의해 발생한다. 우리는 집을 따뜻하게 하기 위해 석유나 가스를 태우고, 자동차 · 트럭 · 기차 · 선박 등의 연료로 가솔린이나 디젤을 사용한다. 그리고 전기를 생산하기 위해 대개 석탄을 태운다.

이러한 연소는 엄청난 양의 이산화황과 질소산화물을 공기 중으로 배출시켜 호수나 숲의 생명체를 파괴하고, 사람들을 아프게 하고, 토양을 오염시키고, 집이나 자동차의 페인트를 부식시키고, 심지어 다리까지도 약화시키는 산성비를 내리게 한다.

석탄, 석유, 가스의 연소는 또한 대기 중에 태양으로부터의 열을 차단하는 이산화탄소를 배출시킨다. 이것은 우리의 지구를 더욱 따뜻하게 만들기 쉽다. 그래서 기후를 변화시키고 지구의 빙하를 녹여 바닷물 수위가 올라가게 해 해변에 홍수를 일으키는 것이다.

과학 지식으로부터 우리는 대기오염을 줄이기 위한 많은 방법을 알고 있다. 실제로 언젠가는 대기오염을 없앨 수 있을 것이다. 가장 중요한 방법은 첫째, 더욱 효율적으로 에너지를 사용하여 에너지를 보존하는 것이다. 둘째, 오염을 일으키는 연료를 오염이 없는 에너지원으로 대체하는 것이다.

어떻게 에너지를 보존할 수 있을까

오염을 줄이기 위해 연료를 덜 사용하고, 더욱 효율적인 에너지를 사용하는 방법들을 생각해보자. 좋은 단열재는 여름에는 집을 더욱 시원하게, 겨울에는 더욱 따뜻하게 유지해줄 것이다. 그러면 연료나 전기를 덜 사용하게 될 것이고 비용도 절감하게 될 것이다.

우리는 같은 양의 가솔린으로 현재보다 두 배가량 더 먼 거리를 달릴 수 있는 자동차의 제조 방법을 알고 있다. 형광등은 백열등에 사용되는 전력의 3분의 1 정도면 같은 정도의 빛을 발한다.

우리의 산업은 이제 더욱 효율적인 난방 기구, 에어컨, 온수기, 냉장고 등의 전자제품을 만들 수 있다. 전기를 적게 사용하면 발전소 역시 석탄과 석유를 적게 사용할 것이다.

더욱 효율적인 기계와 제품은 비록 가격이 좀더 비싸기는 하지만 대개 사람들의 돈을 절약해준다. 효율적인 제품을 구입하는 데 더 많이 들어가는 비용은 감소된 연료와 전기 비용으로 몇 년 내에 상쇄될 것이다. 그 이후로는 낮아진 에너지 비용을 매년 저축할 수 있다. 동시에 발전소의 연료는 적게 사용되고, 이것은 다시 오염을 줄이게 된다.

사람들은 왜 돈을 절약하고 오염을 줄일 수 있는 더 효율적인 제품을 사지 않을까? 대부분의 사람들은 에너지 효율에 대해 많이 알고 있지 못하다. 집을 사거나 가전제품을 구입할 때, 어느 누구도 얼마나 많은 돈이 에너지 비용으로 매년 낭비되고 있는지 일깨워주지 않는다.

이것은 교육이 필요하다. 학교의 학생만이 아니라 어른들, 특히 법을 만드는 사람, 산업계의 지도자, 교사, 신문이나 방송의 기자들에 대한 교육이 필요하다.

또한 우리는 에너지 공급에 필요한 연료가 연소되면서 발생하는 오염에 대한 '추가 비용'을 고려한 방법을 개발할 필요가 있다. 가솔린을 낭비하는 비효율적인 자동차는 모든 사람들에게 피해를 준다. 왜냐하면 그것이 산성비와 지구 온난화를 부채질하기 때문이다.

가솔린을 만들기 위해 사용되는 석유의 사용은 또한 유전을 놓고 벌이는 전쟁의 원인이 되기도 한다.

우리는 석탄과 석유에 대한 이런 모든 추가 비용을 고려해야 할 필요가 있다. 만약 사람들이 에너지를 낭비함으로써 일으키는 오염에 대해 돈을 지불해야 한다면 사람들은 가솔린을 덜 사용하는 자동차를 구입할 것이고, 그러면 돈을 절약하게 되는 것은 물론 오염도 줄어들 것이다.

우리는 가정에서 에너지를 사용하는 많은 전자제품을 사용하고 있다. 에어컨, 냉장고, 온수기, 전등, 난로, 전기레인지, 전기 히터 등. 이런 모든 전자제품은 사람들에게 연간 사용되는 에너지 비용에 대해 알려주는 커다란 라벨을 의무적으로 부착하고 있다. 구입자들은 가격은 저렴하지만 비효율적인 제품과 좀 비싸긴 하지만 그만큼 효율적인 제품을 비교할 수 있다. 그리고 덜 에너지를 낭비하는 제품을 구입함으로써 돈을 절약할 수 있다.

비효율적이고 값이 싼 제품들은 그것들이 일으킬 수 있는 오염, 질병, 훼손에 대한 세금을 부담하게 하는 방법도 있다. 그러면 그 제품들은 더 이상 저렴하지 않기에 사람들은 그런 제품을 다시는 구입하지 않게 될 것이다.

정부에 의해 신중하게 제정된 법률은 사람들이 에너지를 보존하는 것을 도와주는 데 사용될 수 있다. 예를 들어 1973년의 석유 파동을 살펴보자. 석유 가격이 전보다 10배 이상 올랐고, 그것은 심각한 경기 후퇴를 낳았다.

1975년 미국 정부는 에너지 보존과 석유 사용의 감소를 위한 많은 법률을 통과시켰다. 한 법률은 자동차 생산자에게 가솔린을 적게 연소하는 자동차를 생산하도록 요구하였다. 자동차 회사들은 효율적인 자동차를 생산하는 경우, 특별세를 내지 않아도 되었다. 그러나 계속해서 에너지를 낭비하는 자동차를 만들 경우, 그들은 그들이 만드는 차에 대해 많은 세금을 내야 했다. 생산자들은 재빨리 더욱 효율적인 자동차를 생산하였고, 미국은 많은 양의 석유를 절약하였다.

10년 후에 자동차 연비는 갤런당 약 20킬로미터이던 것이 약 44킬로미터로 늘어났다. 그 결과 오늘날의 자동차들은 가솔린을 훨씬 적게 사용하고, 대기오염도 줄어들었다.

불행하게도 사람들은 그런 에너지 보존법의 시행이 석유 가격을 떨어뜨리자 연비(자동차가 1*l*의 연료로 달릴 수 있는 거리를 나타낸 수치)에 개의치 않게 되었다. 그러자 정부는 그 기준을 완화시키고, 자동차 생산업체는 더 이상 연비 개선을 위해 노력할 필요가 없게 되었다. 사람들은 더 크고, 더 듬직하고, 더 강력한 차를 구입하기 시작하였다. 그런 차들은 더욱 많은 가솔린을 소모하였다. 에너지 낭비에 대한 캠페인은 거의 멈추었다.

이제 자동차 생산업체들은 평균연비가 약 65킬로미터인 자동차를 생산하는 것이 가능하다. 다시 한 번 효율성 기준을 올리는 것은 엄청난 양의 가솔린을 절약하고 대기오염을 줄이게 될 것이다.

오염 없는 에너지 공급 방법

우리는 또한 석탄이나 석유를 사용하는 발전소를 오염 없는 에너지원으로 대체하여 연료의 연소로 인한 오염을 줄일 수 있다. 바람이나 햇빛을 이용한 에너지는 미래의 대체 에너지의 두 가지 형태일 것이다.

풍력은 현재 세계 여러 곳에서 실행되고 있다(그림 10.2). 미국 중부 지역의 대평원(Great Plains)에 위치한 12개의 주에는 미국 전 지역의 전기를 공급하기에 충분한 강한 바람이 분다. 풍차는 방목하고 있는 소와 일부 농작물에 거의 손상을 입히지 않고 많은 농장에 설치할 수 있다.

또한 우리는 여러 가지 방법으로 햇빛을 이용하여 전기를 생산할 수 있다. 한 가지 방법은 거울을 사용하여 햇빛을 모아 물을 끓이고,

그림 10.2 바람에 의해 돌아가게 만든 발전기가 세워진 이 '풍차 농장'에서 전기가 생산되고 있다. 오염도 없다. 소들이 풍차 근처에서 풀을 뜯고 있다. (Pacific Gas and Electric Co.)

그때 나오는 증기로 원동기와 발전기를 돌리는 것이다. 햇빛이 많은 사막은 그런 '태양열' 발전소를 세우기에 이상적인 장소이다. 왜냐하면 사람이 살고 있지 않은 사막은 저렴한 가격으로 발전소 부지 구입이 가능하기 때문이다.

태양으로부터 에너지를 생산하는 또 다른 방법은 '태양전지'이다(그림 10.3). 특별한 물질이 햇빛에 의해 비추어질 때마다 전기를 생산한다. 많은 지역에서 간혹 볼 수 있는 지붕 위의 납작한 판이 바로 태양전지로, 그 집에서 필요로 하는 오염 없는 전기를 충분히 생산할 수 있다.

그림 10.3 태양전지가 햇빛으로부터 전기를 생산하고 있다. 미래에는 전 세계 사막 지역의 약 2퍼센트에서 세상의 모든 자동차를 위한 오염 없는 충분한 수소 연료를 생산해내게 될 것이다. (Pacific Gas and Electric Co.)

전기를 생산하기 위해 석탄을 태우는 것을 대체하는 방법에 대한 한 가지 방해 요인은 바람이나 햇빛을 사용하여 전기를 얻는 데 현재는 더 많은 비용이 든다는 것이다. 그러나 바람과 태양으로부터 얻는 에너지 비용은 개발이 이루어짐에 따라 아주 빠른 속도로 내려가고 있다. 그리고 그것은 곧 '대량생산'과 함께—풍력 발전소와 태양열 발전소가 더 많이 건설되면서—더 빨리 내려갈 수 있다.

석탄을 사용함으로써 생기는 오염에 대해 많은 추가 비용이 전기 가격에 덧붙여진다면, 바람과 태양으로부터 얻는 에너지는 더욱 빨리 석탄을 대체할 수 있을 것이다.

또 다른 심각한 방해 요인은 전기가 필요할 때마다 바람과 햇빛을 공급받는 것이 가능하지 않다는 것이다. 바람이 거의 없어 전기를 생산하지 못하는 경우가 있다. 구름 낀 날과 밤에는 햇빛이 없다. 이 문제를 해결하기 위해서는 전기가 필요할 때까지 그 에너지를 저장해두는 실질적인 방법이 필요하다.

이것은 배터리로 할 수 있다. 그러나 그 배터리는 많은 사람들이 사용하기에는 여전히 가격이 너무 비싸고 무겁다.

에너지를 저장하기 좋은 한 가지 방법은 풍력 발전소와 태양열 발전소로부터 나온 전기를 이용하여 아주 깨끗하고 오염을 일으키지 않는 훌륭한 연료인 수소 가스를 생산해내는 것이다. 이것은 물을 통해 전기를 흘려보냄으로써(물의 전기분해) 쉽게 이룰 수 있다. 물 분자는 본래 구성 원소인 산소와 수소 원자로 분해된다. 수소는 자동차, 가정 난방, 요리를 위한 연료로 사용되기 위해 탱크에 저장될 수 있다. 그리고 오염이 생기지 않는 산소는 다양한 산업에서 사용될 수 있다.

수소는 이상적인 연료이다. 왜냐하면 수소는 연소할 때 오염을 일으키지 않기 때문이다. 수소가 만드는 것이라고는 증기 형태의 순수한 물이다. 이것은 산성비나 이산화탄소를 만들어내지 않고 공기를 오염시키지도 않는다.

수소나 수소로 만들어진 화학물질은 '연료전지'라고 불리는 장치에서 전기를 만들 수 있다. 그런 연료전지는 가정이나 일부 지역에서 필요할 때 전기를 생산하도록 저장된 수소를 사용할 수 있다.

과학자들은 햇빛을 이용하여 수소와 같은 깨끗한 연료를 생산해 내듯이, 나뭇잎의 녹색 클로로필(chlorophyl)이나 그와 같은 화학물질을 사용하는 법을 계속 연구 중이다.

오염이 생기지 않는 수소를 생산하는 이런 방법들은 언젠가 공기를 오염시키지 않는 에너지로 사용되어 완전히 우리의 문제를 해결해줄 것이다.

이외에도 오염 없는 에너지를 얻는 또 다른 방법이 있다. 땅속의 뜨거운 열(지열 에너지)을 이용해 집을 따뜻하게 하고 전기를 생산할 수 있다. 전력은 또한 파도, 조류(潮流), 그리고 따뜻한 해류(해양열 에너지)로부터도 생산될 수 있다.

우리가 에너지를 얻는 방법에서 그런 커다란 변화는 순식간에 이루어질 수 없다. 그러나 우리는 과학적 연구와 개발(더욱 실용적인 새로운 장치를 발명하는 연구)을 통해 속도를 빨리 할 수는 있다. 더욱 많은 과학자와 공학자들이 개발에 열중한다면 우리는 훨씬 더 빨리 대기오염을 줄이고 결국에는 많은 에너지를 절약할 수 있을 것이다.

각각의 에너지는 장점과 단점이 있어 아주 신중하게 비교 검토되어야 한다. 비용 역시 중요하다. 특히 지금은 고려되지 않고 있는 추가 비용(잠재 비용)은 더욱 중요하다.

모두가 우리의 문제를 해결하는 데 도움이 될 수 있다

세상은 지금 당장, 가능한 한 빨리 해결해야 할 많은 어려운 문제에 직면해 있다. 오염, 건강, 평화와 전쟁, 마약, 범죄 등의 커다란 문제들은 해결하기 어렵다. 그러나 각계각층에서 활동하는 똑똑한 사람들은 충분히 대처 능력이 있음이 증명되어왔다. 우리는 과거와 마찬가지로 미래에도 오늘날의 많은 문제를 해결하는 데 우리의 훌륭한 두뇌를 사용할 수 있다.

모든 사람들은 더 나은 세상을 만드는 데 중요한 역할을 할 수 있다. 직업이 무엇이든지 간에 과학자, 엔지니어, 사업가, 노동자, 공무원, 경제학자, 교사, 소비자, 투표를 하는 시민 모두는 우리의 문제를 해결하는 데 도움을 줄 수 있다. 우리 모두 의사 결정을 하는 데 공상 이야기가 아닌 사실을 바탕으로 한 과학적 사고방식을 이용하는 법을 배운다면 훨씬 더 효과적으로 그 일을 할 수 있을 것이다.

여러분은 낙담해서는 안 된다. 인간의 정신과 우리가 가지고 있는 엄청난 지식은 우리가 직면해 있는 어려운 문제들을 해결하는 데 사용될 수 있다. 그러나 그것은 힘들고, 그만큼 목표를 이뤄내겠다는 강한 의지가 필요하다.

여러분은 맡은 몫을 다하고 다른 사람들의 모범이 되어야 한다.

우리 모두가 즐겁게 살아갈 수 있는 더 나은 세상을 위해 모든 사람들이 함께 도와야 한다.